実践事例でわかる

獣害対策の新提案

地域の力で農作物を守る

農業共済新聞 編
江口祐輔 監修

家の光協会

はじめに

イノシシやサルなどの野生動物が田畑に侵入して農作物を食い荒らす被害が大きな社会問題になっています。全国で起きている野生動物による農作物被害は年間200億円前後で、20年間推移しています。一方、獣類の捕獲頭数は年々増加し、現在は年間100万頭以上が捕獲されています（1997年は約20万頭）。捕獲しても被害が減らないのはなぜでしょうか。

その理由は、総合対策を怠っているからです。本来であれば、柵を設置して畑への侵入を防ぐ工夫をしたり、地域ぐるみで野生動物を山へ追い払ったりと、農業の現場に視点を置いた総合的な対策が必要なのに、これまで国や多くの自治体が実施してきたのは、捕獲にばかり目を向けた獣害対策でした。いわば、農業関係者不在の対策ですから、農作物を守ることが難しい状況になってしまうのです。

みなさんは、「鳥獣害」という言葉を、見聞きすることが多くありませんか？　国や自治体などの行政組織もよくこの言葉を使いますが、これは、正確に言うのであれば、「鳥獣害」でなく、「野生動物による農作物被害」であるはずです。それをただ「鳥獣害」という言い方が一般的になってしまったことも、どう農作物を守るかよりも、いかに捕獲するかという対応が広まってしまった一因でしょう。

総合対策を怠り、捕獲一辺倒や、マスコミで報道される根拠のない対策に振り回された結果、未だに被害を防ぐことができない地域が数多くあります。昔から、これさえあれば被害が防げる！　というような対策が出てきては消えていきました。総合対策を怠れば、たとえ素晴らしいプラスアルファの技術が開発されても、被害を抑えることはできません。総合対策を実施する中で新しい技術を付加していくと、より良い対策になっていきます。

被害対策のゴールは野生動物を減らすことではなく、被害を減らし、農家さんの笑顔を増やすことです。これまでの活動や経験から、被害対策はまず、当事者である農家さんが自立的に取り組むことが重要であることがわかりました。この基本ができた上で捕獲や利活用、さらには地域づくりの成功につながっていくのです。

本書には各地の実践例が数多く紹介されています。大いに参考にしていただきたいと考えています。ただ、真似をするのではなく、自分たちの地域の長所を知り、継続できる取り組みを導き出していただきたいと思います。本書がみなさまの役に立てることを祈念いたします。

国立研究開発法人　農研機構
西日本農業研究センター
鳥獣害対策技術グループ長
江口祐輔

目次

はじめに……2

第1章　野生鳥獣による被害と対策……7

野生鳥獣による被害と対策……8
電気柵　設置と運用の知識を身につけて……17

第2章　基礎から学ぶ獣害対策……23

●基礎編・対策の基本を知る
(1) 成功への鍵　捕獲に頼らず総合的対策で……24
(2) 野生動物の気持ち　人里は非常に魅力的な餌場……26
(3) 農地内外の環境管理　人里に餌はないと学ばせる……28
(4) 加害個体の捕獲　おりを「正しく」設置……30
(5) 柵を張ろう①　地際の隙間なくし補強も……32
(6) 柵を張ろう②　ネット柵はたるませない……34
(7) 柵の点検　早めに対処し諦めさせる……36
(8) 音、光、におい　本能による対策は判断を誤る……38
(9) サル対策　環境整備と追い払い徹底……40
(10) なぜ野生動物は増えるのか　自然死遠ざける冬の〝餌〟……42
(11) 多獣種に対応　複数の柵を組み合わせて……44

●応用編・加害獣種を見極める
(1) イノシシ　二つの半月型の蹄の足跡が特徴……46
(2) ニホンザル　圃場の外に散乱した食べ跡が……48
(3) ニホンジカ　足跡と鳴き声、ふんで判断……50
(4) アライグマ　しま模様の尻尾と足跡で識別……52
(5) ハクビシン　木登り得意、高い位置の果実も被害……54
(6) タヌキ　アライグマと見分けて被害抑制……56
(7) アナグマ　尾は短く、穴掘りが得意な長い爪……58

第3章　地域ルポ・生産現場の工夫……61

●みんなで守る　地域の暮らし
(1) 老人クラブが活躍　滋賀県甲賀市　宮尻集落……62
(2) 住民合意が解決の要
三重県津市　上ノ村自治会獣害対策協議会……65
(3) 柵と作業道で侵入防ぐ　香川県さぬき市　豊田自治会……68
(4) 学生との交流が継続の力に　岩手県盛岡市　猪去地区……71
(5) かんきつなど生産に意欲　高知県四万十市　大屋敷集落……74
(6) 環境整備でサルとすみ分け　山形県米沢市　三沢地区……77
(7) 住民が計画的に柵設置
岡山県勝央町　福吉村づくり協議会……80
(8) 金網柵＋緩衝帯で効果　兵庫県加西市　下若井町……82
(9) フェンスでシカ害阻止　宮崎県えびの市　高野地区……84
(10) 住民一丸でサル追い払い
島根県江津市　上北集落……86
(11) 地図アプリで情報共有
島根県益田市　二条里づくりの会……88
●若手・女性の活躍
(1) 若手が課題〝見える化〟　長崎県雲仙市……90
(2) 猟師と集落の連携広がる　岐阜県郡上市　猪鹿庁……93
(3) 女性が学び家庭で実践　広島県三次市　石原ひまわり会……96
(4) 地域期待の女性ハンター　鳥取県大山町　池田幸恵さん……99
●自治体が人材育成
(1) 市民講座でリーダー養成　福井県鯖江市……101
(2) 猟の技と知識を伝える　千葉県鋸南町……103
(3)「補助者制度」で成果　石川県金沢市……105
●新たな視点
(1) 子孫繁栄願う革カバー　島根県松江市　廣江昌晴さん……107
(2) 食害少ないルバーブ栽培
神奈川県秦野市　上地区……109
(3) イノシシの捕獲数倍増
石川県　一般社団法人石川県猟友会河北支部……111
(4) 歩行を阻害し侵入防ぐ
奈良県五條市　五條吉野土地改良区……113
(5) おり落とし群れごと捕獲
福島県いわき市　松崎三男さん……114
(6) 骨や革使いスピーカー　岡山県鏡野町　田口大介さん……116
(7) 新たな価値生む革製品　香川県小豆島町　上杉 新さん……117

(8) サル追い払いに犬が活躍　石川県金沢市……118
(9) スマホ使いサルを捕獲　福井県美浜町……120
(10) ＩＣＴ活用しシカ捕獲　福井県小浜市……122
(11) 漁網でイノシシ侵入防ぐ
神奈川県小田原市　矢郷史郎さん……123

第4章　ジビエ最前線……125

ブームで終わらせない……126
利用倍増を19年度目標に……128
衛生管理に関する指針……130

●ジビエ最前線

(1) 捕獲獣の9割が施設利用
鹿児島県阿久根市
一般社団法人阿久根市有害鳥獣捕獲協会
（現・一般社団法人いかくら阿久根）……132
(2) 迅速な処理で高品質精肉
高知県大豊町　猪鹿工房おおとよ……135
(3) 鮮度で評価〝山くじら〟
島根県美郷町　おおち山くじら生産者組合……138
(4) 加工技術向上へ研修会　熊本県　くまもとジビエ研究会……141
(5) 多彩な料理で魅力発信　京都府中丹地域……142
(6) シカを丸ごと有効利用
兵庫県丹波市　株式会社丹波姫もみじ……143
(7) シカを有害獣から資源へ
埼玉県西秩父地域　西秩父商工会……145
(8) 処理工程公開し安全ＰＲ　鳥取県若桜町　わかさ29工房……147

第5章　農業共済制度と鳥獣害……149

鳥獣害による損失も補償……150

●ＮＯＳＡＩの現場

(1) 研修会開き資材費を助成　福井県　ＮＯＳＡＩ福井……153
(2) 箱わな40基を無償設置　奈良県　宇陀ＮＯＳＡＩ……156

発刊のことば……158

第1章

野生鳥獣による被害と対策

野生鳥獣による被害と対策

被害は200億円前後で推移

農林水産省によると、2015年度の野生鳥獣による農作物被害は176億円で、近年は200億円前後で推移している（図1-1参照）。全体の7割がシカとイノシシ、サルの被害だ。営農意欲の減退や耕作放棄地の増加、車両との衝突事故など、被害額として表れる以上の深刻な影響を農山村に及ぼしている。また、森林の被害面積は約8000ヘクタール（15年度）で、シカの被害が約8割を占める。

ニホンジカとイノシシの個体数は、15年度末の推定ではニホンジカ（本州以南）が304万頭で25年間で約10倍に増加、イノシシが94万頭で約3倍となっている。環境省と農林水産省では、生態系や農業などに深刻な影響を及ぼすシカと

【図 1-1】野生鳥獣による農作物被害額の推移

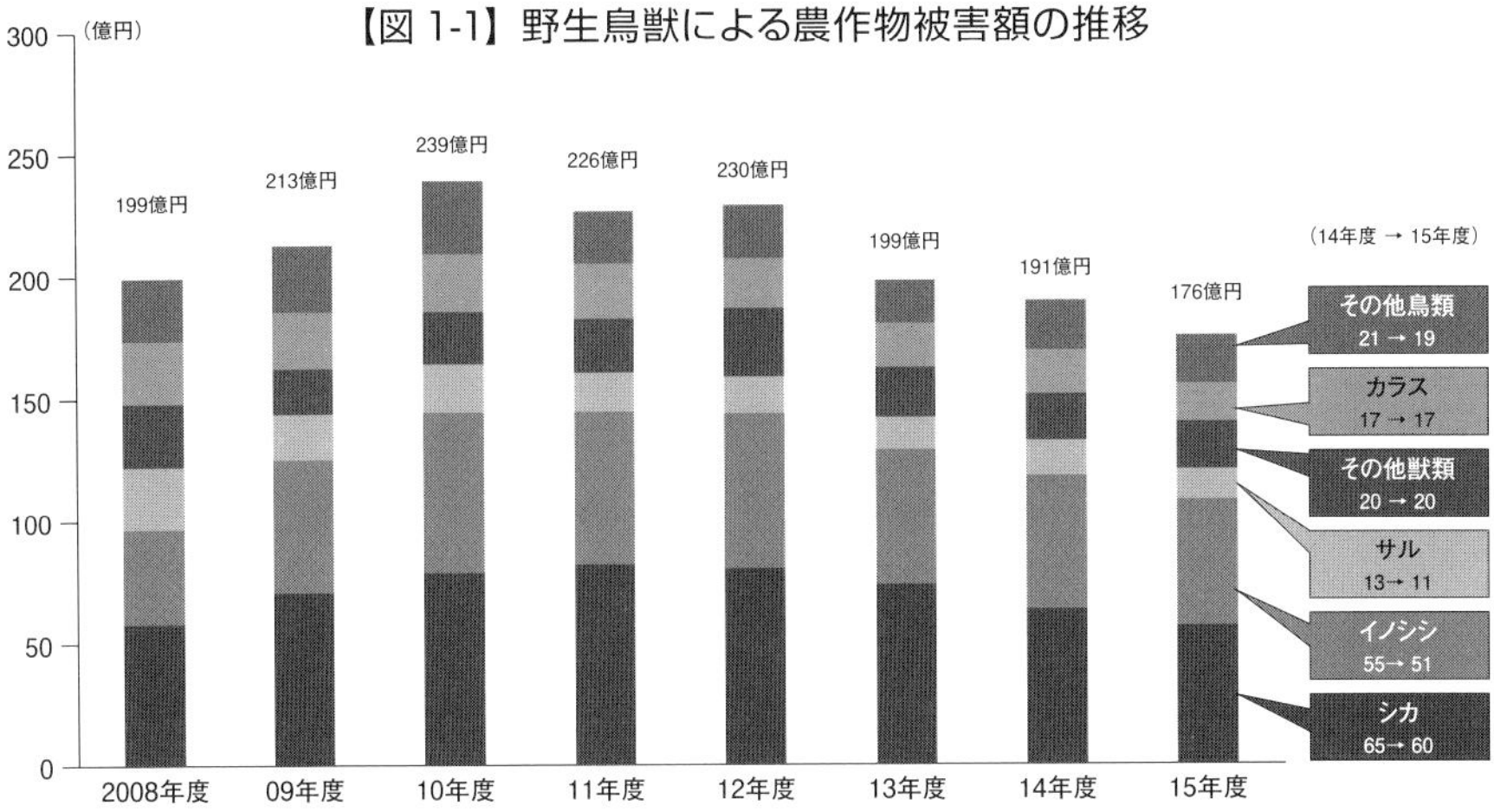

資料 :「全国の野生鳥獣による農作物被害状況について (2014 年度)」

イノシシの抜本的な捕獲強化対策を策定（13年12月）。23年度までにシカ160万頭、イノシシ50万頭と生息頭数を半減する捕獲目標を掲げ、捕獲事業の強化や捕獲従事者の育成・確保などを推進している。

一方、狩猟免許所持者の高齢化が進んでいる。60歳以上の割合は65％（14年度）となっており、被害対策の担い手確保は大きな課題だ（図1―2参照）。狩猟免許所持者数は近年、横ばいとなっており、このうち女性の所持者数は増加傾向にある。

効率的に捕獲するため、ICT（情報通信技術）を活用した新技術の開発も進んでいる。たとえば、パソコンやスマートフォンを利用

【図 1-2】年代別狩猟免許所持者数

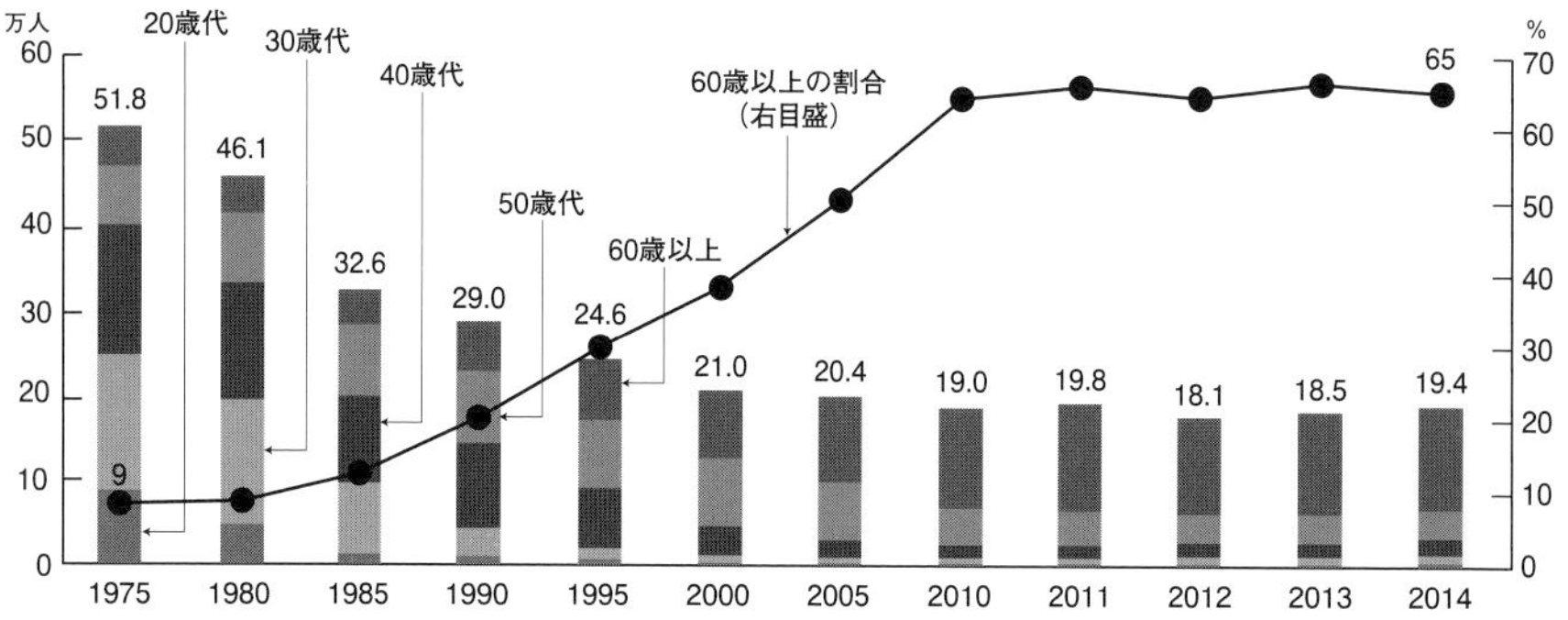

資料：「野生鳥獣に係る各種情報　捕獲数及び被害等の状況等」（環境省）

して遠隔地から現場の映像を見ながら鳥獣の獣種・個体数を確認し、遠隔操作で確実に捕獲するシステムが開発された。そのほか、わなに入った獣種や頭数をセンサーで判別し、扉やネットなどを落下させる電子制御装置と併用することで、監視の労力を省きながら狙った獲物だけを捕獲するシステムもある。

　農林水産省では、鳥獣被害に関する専門的知識と経験を持ち、地域での被害防止計画の作成と、実施時に助言を行う「農作物野生鳥獣被害対策アドバイザー」の登録制度を運営する。16年7月現在で197人が登録され、被害防止に取り組む地域の要請に応じて紹介している。さらに、獣種ごとの被害防止対策や人材育成を効果的に進めるなどのテーマ別マニュアルを作成・整備するほか、技術指導者を育成する研修会などを開催している。また、農林水産省のホームページでは、09年度から実施する鳥獣被害対策優良活動表彰の受賞事例などの情報を掲載している。

鳥獣被害防止特措法の成立と改正

増加が著しい野生鳥獣による農林水産関係の被害を抑制するため、鳥獣被害防止特措法（鳥獣による農林水産業等に係る被害防止のための特別措置に関する法律）は07年12月に全会一致で成立した。市町村および地域の農林漁業者が中心となって講じる被害防止対策を支援する体系を整備し、市町村が作成する被害防止計画に沿って実施する被害防止のための主体的な取り組みを支援する。被害対策の担い手確保や捕獲の一層の推進、捕獲鳥獣の利活用の推進など課題への対応を強化するため、12年と14年、16年に改正された。

政策の実施は、農林水産大臣が作成した被害防止施策の基本指針に則して、市町村が被害の実態に対応した被害防止計画を作成する。被害防止計画を作成した市町村に対して、国や県などが連携し、①財政支援、②権限委譲、③人材確保――などの必要な支援措置を実施する。

財政支援では、駆除などの経費や広報費、調査研究費を対象とした特別交付税を拡充するほか、補助事業などを受けられる。市町村が希望すれば、都道府県から被害防止のための鳥獣の捕獲許可の権限が委譲される。鳥獣被害対策実施隊を設置する際は、民間隊員は非常勤の公務員扱いとなり、実施隊員には狩猟税の軽減措置などの優遇措置が講じられる。

16年の改正では、銃刀法に基づく捕獲者の猟銃所持許可の更新時等に必要な技能講習の免除措置を延長した。実施隊員は「当分の間」、実施隊員以外で被害防止計画に基づく捕獲従事者は5年間延長して「21年12月3日までの間」としている。そのほか、被害対策をより効果的に進める観点から、野生鳥獣肉（ジビエ）の利用推進を明記し、人材育成や関係者間の連携強化に必要な施策など国が講じる規定などを盛り込んだ。

鳥獣被害対策実施隊の活動支援

市町村は、鳥獣被害防止特措法に基づき、被害防止計画に基づく捕獲や防護柵の設置などの実践的活動を担う「鳥獣被害対策実施隊」を設置できる。被害防止計画を作成した市町村1444のうち、実施隊を設置した市町村は1093に上る（16年10月現在／図1−3参照）。農林水産省は、実施隊の設置数を20年度までに1200とする目標を掲げている。実施隊活動のために市町村が負担した経費の8割は、特別交付税で措置される。

【図 1-3】 鳥獣被害防止計画市町村数と実施隊設置市町村数の推移

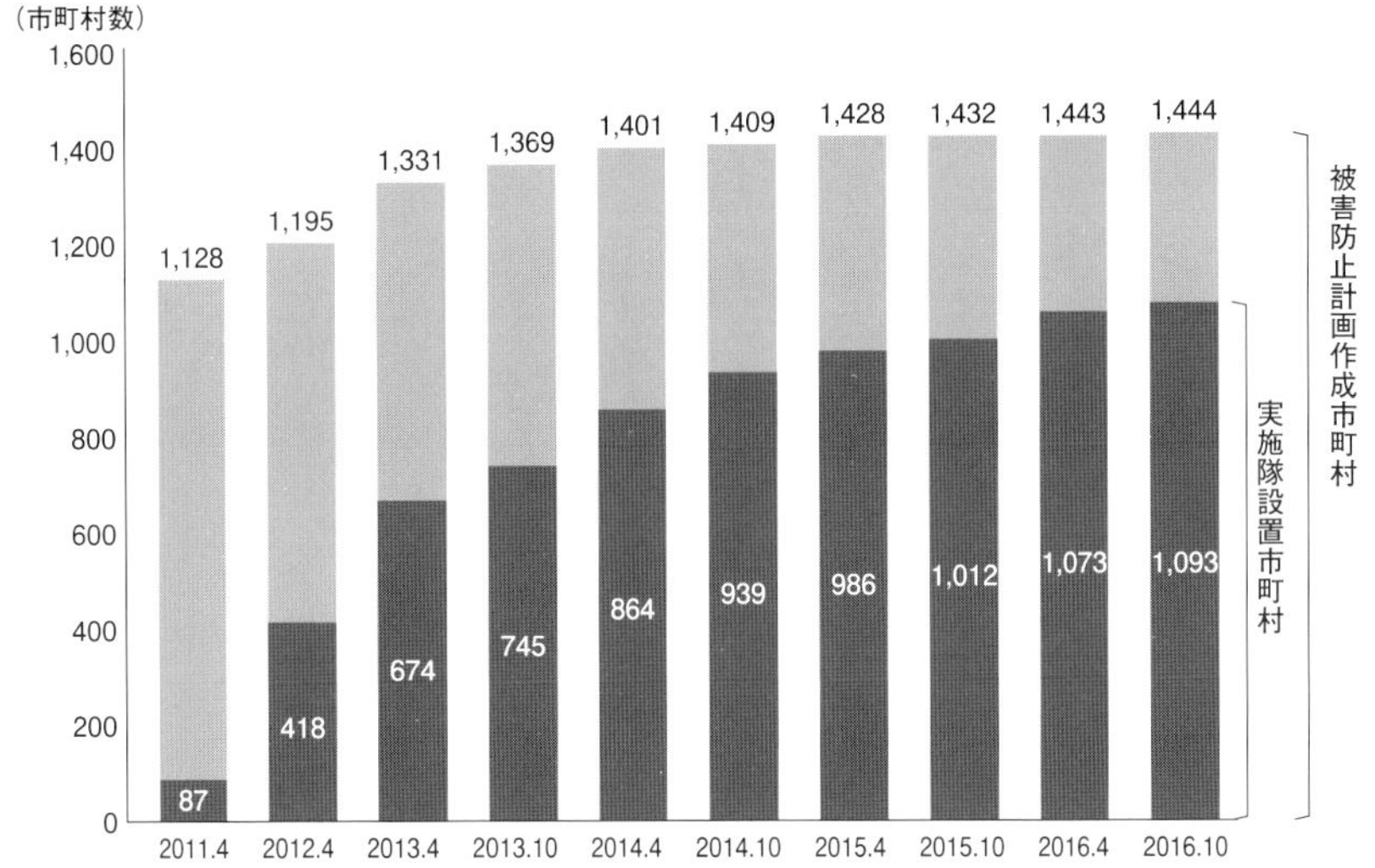

※全国の市町村数は1741　うち鳥獣による農作物被害が認められる市町村数は約1500

資料：「鳥獣被害の現状と対策」（農林水産省）

実施隊の活動内容は、鳥獣の捕獲活動や防護柵の設置、そのほか緩衝帯の設置や追い払いなど被害防止計画に基づく被害防止施策の実施だ。実施隊員の構成は、市町村長が指名する市町村職員のほか、被害防止対策に積極的に取り組むことが見込まれる民間人を任命できる。報酬や補償措置を条例などで定め、実施隊員は、公務として被害対策に従事する。

主として捕獲に従事する実施隊員は、狩猟税が非課税となる。さらに、民間隊員は非常勤の公務員扱いとなり、被害対策活動中のけがなどは公務災害が適用され、補償が受けられる。猟銃所持免許の更新等に必要な技能講習が免除される。継続10年以上の猟銃の所持許可を受けていなくても、ライフル銃の所持許可の対象となり得る。

鳥獣被害防止総合対策交付金

農林水産省では、鳥獣被害対策推進のため、「鳥獣被害防止総合対策交付金」予算を確保。市町村が作成した被害防止計画に基づく地域ぐるみの総合的な取り組みを支援する。17年度は95億円を措置した。実施隊の取り組みに対しては重点的に支援し、補助率のかさ上げや、都道府県内の実施隊の設置状況に応じて交付金を優先配分する

そのほか、侵入防止柵など被害防止施設や処理加工施設などの整備を支援する。さらに捕獲わなの導入や追い払い、放任果樹の伐採など地域ぐるみの被害防止活動や捕獲活動経費の支援、ジビエの流通量確保と全国的な需要拡大のための普及啓発活動などを支援する。

捕獲鳥獣を食肉等に利活用

捕獲鳥獣は、ほとんどが埋設や焼却処分などで廃棄され、食肉利用は一部地域にとどまる。しかし、廃棄処理にも手間やコストがかかることに加え、地域資源として有効利用することで、鳥獣害対策の重要性の周知につながるとして、

【図1-4】ジビエに対する認識

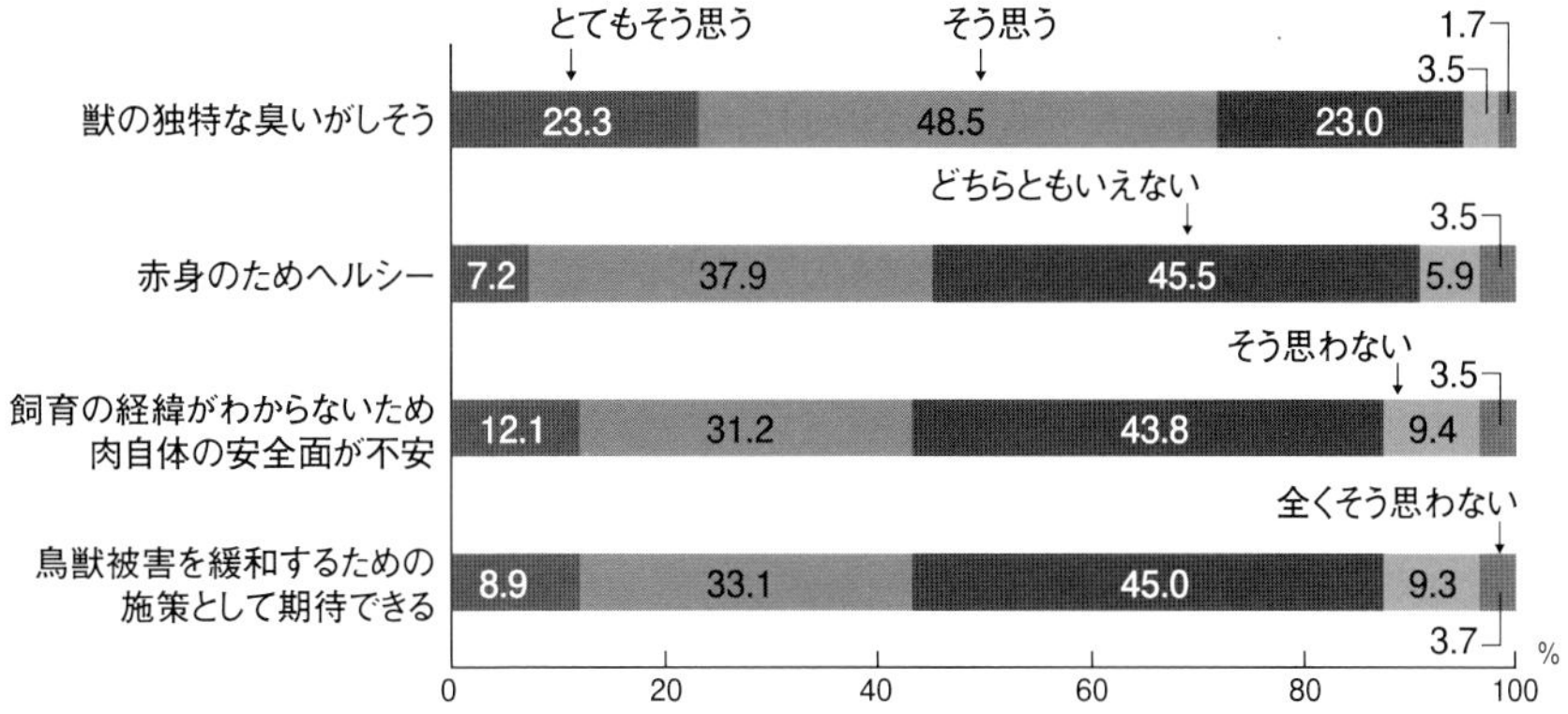

注:1）肯定回答上位を抜粋
　2）2016年6月に消費者を対象として実施したアンケート（調査対象1,000人）

資料：農林水産省調べ

食肉などの利活用の取り組みが増えている。

農林水産省が16年に実施したジビエに対するアンケート調査では、「獣の独特な臭いがしそう」71・8％、「飼育の経緯がわからないため肉自体の安全面が不安」43・3％という否定的な印象がある一方、「赤身のためヘルシー」45・1％という肯定的な印象を持つ消費者もいた（図1－4参照）。

ジビエの普及には、安全性の確保や安定供給、販路確保など課題も多い。厚生労働省は、14年11月に「野生鳥獣肉の衛生管理に関する指針（ガイドライン）」を作成し、動物由来の感染症などに対する予防対策などを整理しており、順守が重要だ。

農林水産省では、食肉処理加工施

設の整備や商品開発、販売・流通経路の確立などを支援するほか、獣種別の対策や人材育成などテーマごとのマニュアル作成や研修会を開催している。捕獲から食肉処理加工、供給、消費の各段階で課題を共有し、関係者が一体となった取り組みの推進が求められている。

電気柵
設置と運用の知識を身につけて

漏電による死傷事故防止へ

獣害防止を目的とした電気柵の安全性について、行政や業界団体は正しい設置・使用を呼び掛けている。電気柵を扱う業者で組織する「日本電気さく協議会」の宮脇豊前会長は「法律で定められた電気柵を正しく使用すれば事故が起こることはまずあり得ない」と断言する。電気柵は農家が丹精込めて育てる農作物を野生獣から守る重要な資材の一つ。電気柵の仕組みや適正な活用方法をあらためて確認したい。

電気柵は、①正規の電気柵用電源装置（以下本器）、②電源（家庭用電源や車載バッテリー、ソーラー、乾電池など）、③電線（柵線）、④支柱、⑤アース、⑥危険表示板――などで構成される。豆電球のスイッチを押すと、プラスとマ

【図１－５Ａ】 電気柵の仕組み

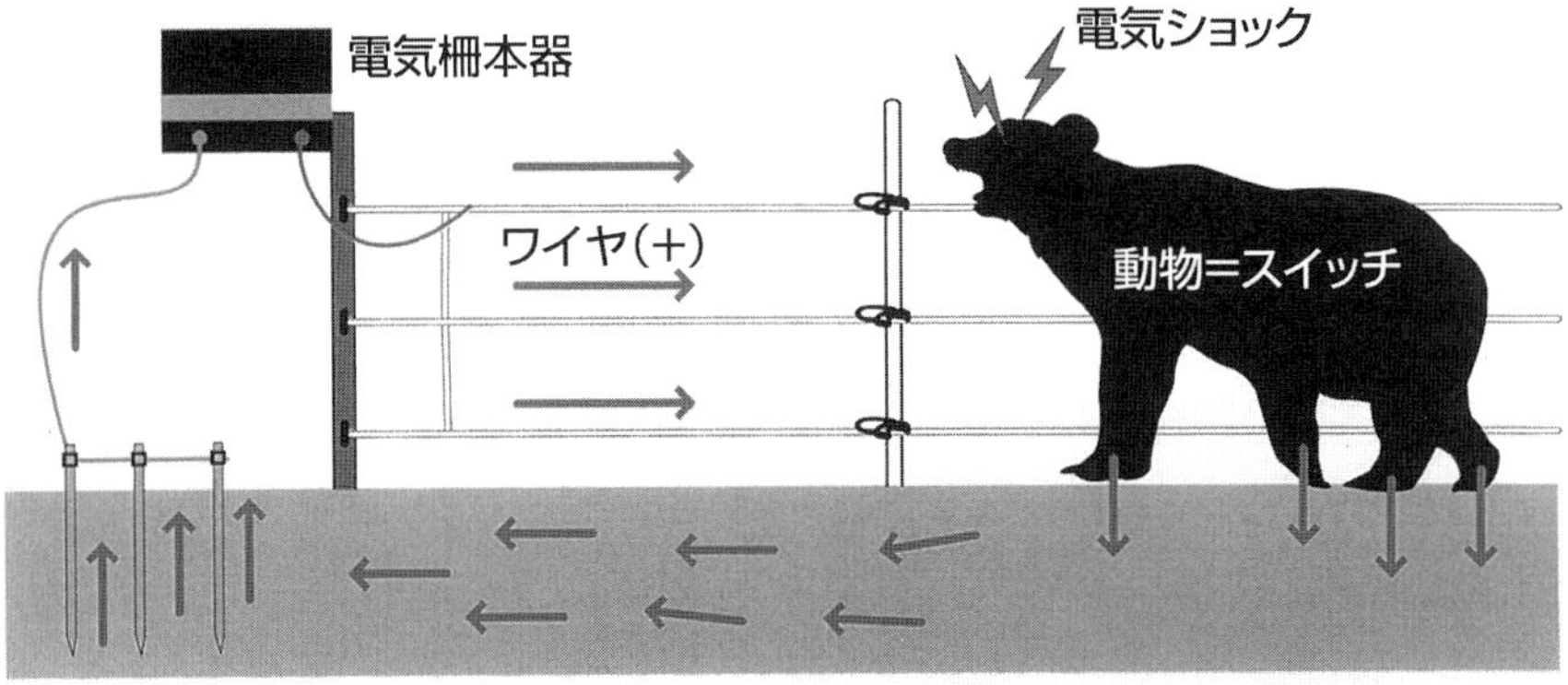

イナスがつながることで回路が構成され、電気が流れ点灯する原理と基本的に同じで、電気柵では動物がスイッチの役割となる（図1-5A）。

柵線をプラスに、アース（地面）をマイナスにしておくと、動物が柵線に触れると電気が体を通って地面に流れ、本器のアースで地中の電気を吸い上げて回路が完成し、そこで動物が感電する。動物に電気ショックを与えて驚かせ、学習能力によって警戒を促すような心理効果を使った仕組み。電気柵本器から出力される電気は、数千ボルトと高圧だが、超瞬間的なパルス通電で1回に流れ出る電気量を制限し、パルスの間隔（1秒以上）を設け、安全を確保している。

24時間通電し動物の心理効果を維持

動物に対して電気柵の効果を上げるためには柵線の高さが重要だ。野生動物は下から潜り忍び込むことが多いので、最下段は低めに設置する。イ

【図１－５Ｂ・Ｃ】　電気柵の注意点

図１－５Ｃ

全ての電気柵に危険を表す表示板を掲げる。

図１－５Ｂ

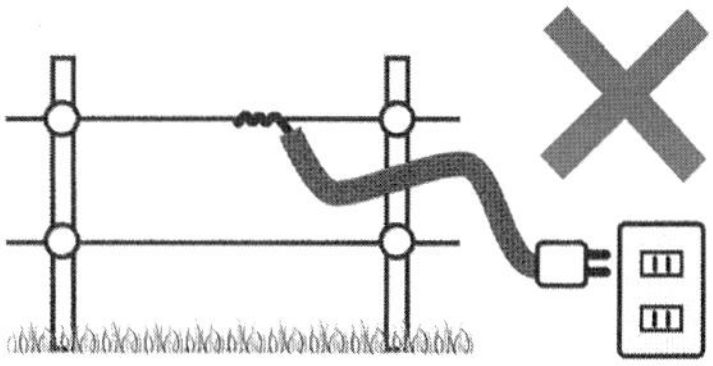

家庭用の商用電源（AC100 ボルトまたは200 ボルト）を直接、柵線に通電しない。

ノシシの場合、鼻先が柵線に触れるよう20センチ以下がのぞましいという。動物種によって高さは異なる。心理効果を維持するには、夜だけでなく24時間の通電が必要との研究もある。十分なアースを取ることは、本器の性能を最大限に引き出すためには重要だ。本器の性能が高い場合は、その分より多くのアースが必要になる。

電気事業法に基づく電気設備に関する技術基準を定める省令では、電気柵の設置にあたり、以下の感電防止の適切な措置を講じることが必要となっている。①安全基準を満たした法律で定められた電気柵用電源装置を使う（図1－5Ｂ）、②電気柵を設置した場所に、人が見やすいように適当な間隔で「きけん」である旨を表示する（図1－5Ｃ）、③人が容易に立ち入る場所で使用電圧が30ボルト以上の場合は漏電遮断器を設置する、④柵で感電している状態を発見した場合、すぐに通電を解除できる開閉器（スイッチ）を電路に設ける――。

【図１－５D】　PSEマーク付きを使用する

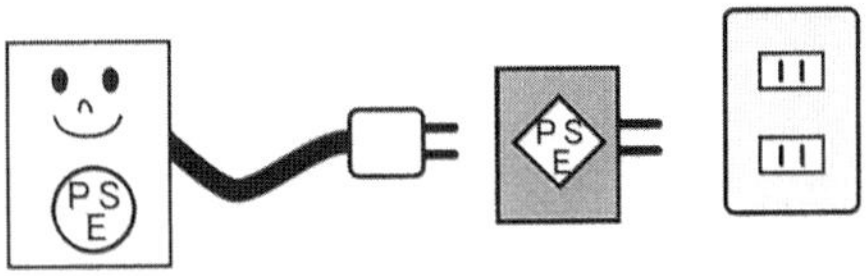

商用電源（AC100ボルトまたは200ボルト）に電源をとる場合、元電源に一番近いコンセントにPSEマーク付き漏電遮断器を使用する。

電気柵とは

・田畑や牧場などで、高圧の電流刺激によって、野生動物の侵入や家畜の脱出を防ぐ「柵」を指す。

・人に対する危険防止のために、電気事業法で設置方法が定められている。

家庭用電源で使用する際に取り付ける漏電遮断器は、15ミリアンペア以上の漏電が0・1秒間以上起こったときに電気を遮断する。コンセントに接続するものとブレーカーに施設するものがあるが、ブレーカーに施設する工事は資格を持った電気工事士が行う。また、漏電遮断器や電気柵本器は、電気用品安全法適用品につける「PSEマーク」付きを使用する（図1―5D）。

日本電気さく協議会では、そのほかの注意事項「有刺鉄線など、とげがあるものを柵線やアース線として使用しない」「雷発生時は電気柵本器や柵線に近づかない」「水道管やガス管をアースとして使用しない」――など安全使用を呼び掛けている。

定期的な除草などの管理で効果維持

「雑草に触れて漏電すると電圧が極端に低下する。適切な維持管理も必要」と宮脇前会長。「農家にとって電気柵は獣害防止に間違いなく有効なツールだ。安全性を業者、行政機関、農家に理解してもらい適正に利用してもらいたい」

と訴えている。

農林水産省が発行する野生鳥獣被害防止マニュアルによると、週1回は専用のテスター（電圧測定器）などを使って電圧を点検し、柵線に雑草などが伸びて接触していないか確認。雑草管理は、夏は1～2週間に1回の頻度で除草する。台風通過後や大雨の後は、倒木や折れ枝が柵線に触れていないか見回りをする。

※18～20ページの図は、日本電気さく協議会資料を基に作成

第2章

基礎から学ぶ獣害対策

〈基礎編〉

対策の基本を知る

(1)
成功への鍵
捕獲に頼らず総合的対策で

捕獲に頼る対策ではなぜ被害が防げないのでしょうか。一つは、捕獲されているイノシシやシカの多くが田畑を荒らす加害個体ではないのです。その他にも、イノシシでは幼獣ばかりが捕獲され、母親がなかなか捕まらないことがあげられます。幼獣は好奇心が強く、捕獲おりに入りやすい傾向にあります。一方、母親は警戒心が強く、おりに侵入するのには時間がかかります。

被害を減少させるためには母親と幼獣を一緒に捕らえることが大切ですが、母親を捕獲するのは難しく、時間がかかるため、幼獣だけ捕獲することが多くなります。イノシシは基本的に年1産ですが、流産や春先に幼獣を全て失うと、発情が戻り、秋に子を生むことができます。これと同じ原理で、春や初夏に幼獣だけ捕獲すると、子を失った母親の発情が戻ることになります。捕獲に頼る地域ほど、イノシシが2回出産するようになったと言われるのはこのためです。この他にも、取り逃がしに

対策のゴールは野生動物を減らすことではなく、農家さんの笑顔を増やすこと（撮影・安田亮）

よっておりに近寄らない個体ができてしまうなど、さまざまな問題があります。これらは加害個体を増やしているようなものです。

また、１９７０年代には50万人いた狩猟者が現在は20万人であることが語られますが、当時の狩猟者のほとんどはキジやウサギなどを捕獲対象としており、イノシシやシカを捕獲する猟師は今よりも少なかったようです。高齢化の問題はあるかと思いますが、猟師を増やすよりも、まずは被害を減らし、加害個体を捕まえるシステムを構築することが必要ではないでしょうか。

近年、被害を減らすことに成功している地域が増えてきました。被害対策に成功している地域は捕獲だけに頼らず、環境管理や侵入防護柵、追い払いなどを総合的に取り入れています。

この「基礎編」では被害が減らせない理由と解決策をわかりやすく解説していきます。

（江口祐輔／農研機構・西日本農業研究センター　鳥獣害対策技術グループ長／24〜45ページ）

(2) 野生動物の気持ち 人里は非常に魅力的な餌場

私たち現代人の食事時間はどんなものでしょう。朝食10分、昼食15分、夕食20分で1日の食事時間が1時間にも満たない方も多いでしょう（例外はお酒の席くらいでしょうか）。

野生動物は餌探しに時間をかけます。たとえば、イノシシは1日の7割は休息しますが、活動時間のほとんどを餌探しに費やします。毎日6時間、7時間も土を掘り、石を転がし、ひたすら餌を探します。木や草の根をかじり、小さな虫などを一つ一つ口にしながら体を維持しています。

また、野生動物はぜいたくができません。後でよりおいしい餌が見つかる保証はどこにもないのです。今見つけた餌が今日最後かもしれません。夜はパーティーがあるからお昼を抜こうと考える野生動物はいません。したがって見つけたものから食べるのが基本です。

ミミズはイノシシの大好物と考えられてきました。山にミミズをたくさん放せば、里に出てこなくなると考える人もいました。しかし、必ずしも大好物ではないのです。野山で生活していたイノシシでも飼育されて農作物や残飯、配合飼料を朝夕規則正しく与えられると、ミミズを無視するようになります。ミミズを食べなくてもおいしいものがもらえると学習したのです。

野生動物にとって最高においしいもの、それは人の食べ物です。改良に改良を重ね、味がよく栄養価が高い食べ物、今まで経験したことのないおいしい味が人里にあるとわかった野生動物たちの気持ちを考えてください。林縁部や農地周囲に植えられた柿、クリ、ビワ、そして農作物。人里は私たちが考えている以上に、いや、想像をはるかに超えるほど野生動物には最高の餌場です。このことを理解してから対策は始まります。

規則正しく餌が与えられるイノシシは、ミミズに興味を示さなくなる

(3) 農地内外の環境管理
人里に餌はないと学ばせる

野生動物が人里に侵入する最大の理由は、よい餌があることを学習しているからです。この問題を解決するには、野生動物に餌があることを学習させないこと、人里の餌がこの上なくおいしいということを教えないこと、また、人里には季節に関係なく、1年間おいしい餌が豊富にあることを教えないことです。

田畑周辺に植えたクリ、柿、ビワなど、昔は樹高も低く、簡単に収穫できたので家族や近所で消費しました。現在は樹高が高くなり、収穫も面倒、全て収穫しても余るので、放任です。結局、野生動物に餌を提供しています。

農地の周辺には竹林が存在します。竹林は野生動物にとって冬場のシェルターの役目や、餌の少ない時期の供給源にもなります。竹林ではイノシシ、シカ、サル、タヌキ、アナグマ、テン、ウサギなど、さまざまな動物が生活しています。荒れた竹林は見通しが悪く、野生動物にとって最適な隠れ家です。たとえ人が入っても足元が不安定で機敏に動くことができず、野生動物は簡単に人を回避することができます。耕作放棄地も同様です。

収穫残さは、人にとってはごみ同然かもしれませんが、野生動物にとっては泥や虫が付いていようが最高のごちそうです。

稲刈り後のひこばえも、野生動物にとっては秋から冬にかけての貴重な餌となり、さらには農地を学習させる機会にもなります。

これらをできる限り除去していくことが必要です。収穫しない放任果樹は伐採する。取りきれないほど実がなる樹は剪定し、低樹高化して脚立なしですべて収穫する、野生動物が利用できないように、竹林や放棄地を間伐、草刈りする、収穫後の田起こしを行うなど、野生動物を近づけない環境づくりが大切です。

農地周辺の放任果樹は野生動物を引き寄せる

（4）加害個体の捕獲 おりを「正しく」設置

皆さんはおいしい料理とまずい料理、どちらが好きですか？　また、お店に入るとしたら明るく、料金が明朗なお店と、雰囲気が悪くて料金が不明朗な怪しい店のどちらを選びますか？　ほとんどの方は、まずい料理と雰囲気が悪くて怪しい店を選ばないと思います。実は、これがいくら捕獲しても被害の減らない理由なのです。もう少し詳しく説明すると、たくさん野生動物を捕獲しても、実際に被害を起こす加害個体の捕獲が効率よくできていないために、被害が減っていません。15年前から「山の10頭より里の1頭」と言い続けてきました。最近では、さまざまな被害マニュアルにこの標語が掲載されるようになりましたが、正しく実行されていないことがほとんどです。

里に出てくる野生動物を獲るために、畑の横に捕獲おりを置いても被害は減りません。野生動物は、最高においしい餌を求めて山の中からわざわざ生活の拠点を人

どちらの餌を野生動物が選ぶかは明白だ

里周辺に移しているのです。いつも入り慣れた最高においしい田畑の作物や周辺の果実などを選ばずに、腐りかけの餌が置かれた怪しい不審なおりを選ぶでしょうか。食べ慣れている新鮮でおいしい作物がすぐそばにあるのに、怪しいおりの中に入っていくと考える方が難しいですね。

では、野生動物にとって捕獲おりを少しでも魅力的に見せるにはどうしたら良いでしょうか。まずは、捕獲おりの餌よりも新鮮でおいしい餌を隠す必要があります。つまり、環境管理を行ったうえで、野生動物が田畑に侵入できないように柵で囲い、捕獲おりの餌の価値を相対的に高くする必要があります。

全国で何万と設置されている捕獲おりですが、1年間に1頭も捕獲できていないおりは半数以上です。農作物を守るため、加害獣を捕獲するためには正しいおりの設置について学ぶ必要があります。

(5) 柵を張ろう① 地際の隙間なくし補強も

農地に柵を張る場合、野生動物を侵入させないために一番大切なことは何でしょうか。

「動物の跳躍力を考慮した高さ」と答える方が多いですね。実は、柵を張るうえで一番大切なのは、柵と地面の隙間をなくし、柵の地際を補強して野生動物のくぐり抜けを防ぐことです。

イノシシやシカは優れた跳躍能力を持っていますが、跳躍をすることは好きではありません。自動撮影装置で撮影するとよくわかるのですが、イノシシやシカを含め、多くの野生動物は農地に侵入するときは、柵の下や隙間をくぐるのがほとんどです。

しかし、農家さんが畑で野生動物を見つけると、彼らは慌てて走って柵を跳び越えて逃げてしまうので「跳んで逃げやがったな。」ということは侵入するときも跳んだにちがいない。もっと高い柵にしなければ」と考えてしまいがちです。

野生動物は常に生きるか死ぬかの真剣勝負です。イノシシもシカも毎日、起きているほとんどの時間を餌探しに費やします。長い時間をかけて必要な栄養を摂取するのですから、肢にけがをしてしまうと餌を探すのも苦労し、敵に襲われても逃げ切れません。足場の悪い山の中で、障害物をぴょんぴょん跳んでいては着地の際にけがのリスクが高まるので、極力必要のない跳躍は回避するのが普通です。

柵の地際を補強する

したがって、柵を張るときには設置面の補強を行ってください。できるだけ柵と地面の隙間をなくし、柵の接地部を棒状のパイプや間伐した竹などで固定すると、イノシシやシカなどのくぐり抜けを防止することができます。

（6）柵を張ろう②

ネット柵はたるませない

柵を張るときは、柵の地際を補強して野生動物のくぐり抜けを防ぐことが重要であることを前項で説明しました。これは、イノシシやシカは跳び越えるよりくぐり抜けることを優先する行動特性を考慮した柵の設置方法です。この項目でも、野生動物の行動特性や心理状態を考慮した設置方法を紹介します。

野生動物は隙間に敏感です。他よりも広い隙間や空間を見つけると、その隙間をくぐりたくなります。電気柵を設置する場合、イノシシ対策の場合は地面から20センチ間隔で2段張りにします。これを30センチ間隔にしてしまうと、イノシシは鼻先で柵線に触れるよりも、柵線の下や間をくぐり抜けようとする行動を起こしやすくなります。

金網やネット、トタン柵などの場合、柵のつなぎ目に注意を払ってください。必ず、重ね合わせる部分を作ることで、野生動物の侵入意欲を低下させることができます。

ネットの上部がたるんでしまうと野生動物に狙われやすくなる（写真上）／ネットを囲うように骨組みを作れば、くぐり抜けにも乗り越えにも強くなる（同下）

逆につなぎ目に隙間ができてしまうと、野生動物に集中的に狙われてしまいます。

ネット柵の場合、できるだけたるみができないように設置してください。多少のたるみはどうしてもできてしまいますが、できるだけ均一になるように注意してください。他の場所よりも大きくたるんでいるところは、野生動物に狙われます。

特にシカは仁王立ちして前足や首をネット上部に乗せて、さらにネットをたるませて跳ばずに乗り越える行動が頻繁に認められます。たるみを防ぐためにネットの上部にも棒状の資材を使い、支柱とあわせてネット全体を囲うように骨組みを作ると動物の乗り越える行動を制御しやすくなります。

(7) 柵の点検
早めに対処し諦めさせる

農地の周りに柵を張ることで安心してしまいますが、油断は禁物です。柵を張り終えてからが本格的な被害対策の始まりです。日頃の点検作業が被害を最小限に食い止めるのです。逆にいうと、小さなほころびが大きな被害につながります。野生動物はおいしい餌場を学習しています。柵の周辺をうろつきながら、どこかに隙間がないか探査します。

ネット柵の場合、シカの角やイノシシの牙が触れると小さな穴が開くことがあります。最初は小さな穴でも放置せずに結束バンドなどで穴をふさいでください。野生動物は柵の同じ場所をかまって小さな穴も徐々に大きくしていきます。そして、まだ通り抜けられないだろうと思う程度の大きさの穴から侵入することがよくあります。したがって、早めの対処が野生動物に諦めさせる最善の方法です。

金網柵でも、シカやイノシシが柵をかまって金網の目合いの形が変形しているこ

小さな穴もすぐにふさごう

とがあります。野生動物が柵を押したのか、あるいは引っ張ったのか、どのような行動をしたのか推測してみましょう。地際の補強をしていない場合はすぐに補強してください。また、支柱の強度が十分ではない場合は、動物が直接触れることのできない柵の内側から筋交いを追加してください。さらに柵の内側から遮光ネットなどで目隠しをするとより効果的です。

イノシシ以外でもアナグマなどが柵の地際に穴を掘ります。見つけ次第できるだけ早く穴を埋め戻すことが大切です。

柵の接地部を棒状のパイプなどで固定すると、イノシシが柵の数十センチ手前を掘ることがあります。これはイノシシが柵の中に入れないことにいらだって行ったものです。人間側が勝利した結果ですので、面倒だと言わずに埋め戻してください。そのうち、イノシシがやってこなくなります。

(8) 音、光、におい本能による対策は判断を誤る

被害現場では、野生動物が嫌がる忌避剤を求める傾向にあります。しかし、農家が期待するにおいや音、光による忌避効果は、科学的根拠がないおまじないのようなものです。

確かに病害虫に効果のある忌避剤は存在します。科学的根拠もあります。しかし、イノシシやサル、タヌキなどの哺乳類に昆虫と同じ効果を求めるのは無理があります。昆虫と哺乳類では神経系の構造が全く異なります。哺乳類は優れた脳を持ち、さまざまな学習や経験をふまえて行動します。私たちはつい、野生動物の「本能」に目を向けてしまい、本能的に何とかなるのではないかと考えてしまいがちですが、これは大きな誤りです。

たとえば、農地ににおい物質をまいた場合、野生動物はまず、環境に変化があることを認識して、その環境の変化が自分にとって安全であるか否か、様子見を行い

光は野生動物にとって脅威ではない

ます。様子見は数日で終わることもあれば、数週間、数カ月続くこともあります。この様子見を人間は「野生動物は怖がっている、忌避している」と勝手に判断してしまいます。しかし、野生動物は冷静に判断し、環境の変化に危険はないことを確認して田畑に侵入するようになります。

さらに、野生動物は餌と、餌のある条件を結びつけることができます。人間が設置した光（におい、音）のある場所には餌があると学習してしまいます。音や光に対しても同様です。

イノシシやシカは本来、昼間でも行動する動物ですが、人間などの危険を回避するために夜間に田畑へ侵入することが多いのです。しかし、人間側は「野生動物は夜に活動するから光が苦手なはずだ」と勘違いして光を使ってしまいます。一方の野生動物は、最初は環境の変化から様子見を行いますが、人が来ない時間帯に光で田畑が見やすくなっているのはかれらにとって好都合なのです。

(9) サル対策
環境整備と追い払い徹底

シカやイノシシは防げてもサルは無理だと言う方が多くいますが、そんなことはありません。サルの被害対策の基本はほかの動物と同じです。サルはシカやイノシシとは違い、夜間に農地にやってこないので守りやすい動物と言っても過言ではありません。

まず、柿などのサルの餌となる放任果樹をなくしていくなどの環境管理が重要です。そして、追い払い。農家が自分の畑だけを守るのではなく、周囲と連携して追い払います。サルも人間が集団で行動すると恐れます。次から次へ人が合流して一定方向になるべくしつこく追い払います。

そして防護柵です。サル対策用の柵もいろいろと開発されています。木登りが得意なサルでも登りにくい弾力性のある「ダンポール」を支柱に利用したネット柵「猿落君」(奈良県)や、サルが電気柵の支柱を使って登ることを阻止する「おじろ用心棒」（兵庫県香美町）などが開発されています。

おじろ用心棒は通電式の支柱であり、電気柵の支柱部分にも針金やアルミテープを張って通電させる仕組みになっています。この構造をトタンやワイヤメッシュ柵と組み合わせると、150センチ以下の柵でもサルの侵入を防止できるようになります。

イノシシ対策で使用しているトタン板の上に電気柵を組み合わせた

写真は、イノシシ対策で使用しているトタン板の上に電気柵を組み合わせたものです。トタンから10センチ間隔で電気柵を張り、支柱も通電するようにしています。万が一、サルが電気柵の隙間に頭を入れても通り抜けられないように、ナイロン製のネットを電気柵の背後に設置しています。この柵はわずか120センチです。日頃の点検作業を怠らなければ、山の中にある孤立した農地でもサルから被害を防ぐこともできています。

捕獲についても、近年さまざまな捕獲装置が使用されています。ただ、捕獲が被害低減に結びついているところは、地域での連携的な被害対策が行われているところです。環境管理や追い払い、防護柵設置とその点検がしっかり行われていると、捕獲の効率も向上するということです。

(10) なぜ野生動物は増えるのか 自然死遠ざける冬の"餌"

24ページで、野生動物を捕獲しても被害が減らない理由を説明しました。それは、加害個体を効果的に捕まえることができていないことが理由の一つでした。有害駆除や狩猟などによって、この20年間に捕獲されたイノシシやシカの頭数はうなぎ上りです。十数年前は年間20万頭以下だった捕獲数が、現在では80万頭を超えるほどです。それでも、野生動物の数は増え続けていると考えられています。なぜ、野生動物が増えているのでしょうか。

テレビでは、野生動物の過酷な生態が紹介されることがあります。雨が降らない乾期には水や草を求め、ヌーなどの動物が大移動します。その間に多くの命が失われ、おびただしい数の死骸が映し出されます。この光景は毎年繰り返されます。しかし、野生動物は絶滅することなく生き続けます。このくらいの自然死が発生しないと増えすぎてしまうのです。

日本でも程度こそ違いますが、同じことが起こっていました。冬場、餌が不足する時期には野生動物が死んでいく自然死が発生します。春から秋にかけていくら餌があっても、冬の餌が少なければシカやイノシシは生き残ることはできません。厳しい自然環境のもと、栄養状態が低下することで、餓死したり、抵抗力が下がって、風邪をこじらせ死に至ります。幼齢個体も生き延びることは厳しいでしょう。

ところが、ここ数十年、冬場の餌環境が劇的に変わってきています。人がほとんど山に入らなくなったことにより、野生動物が林縁部に近づきやすくなります。そこにはかつて人が作り上げた竹林や田畑の周囲に植えた柿やクリ、ビワが放任されたまま残っています。タケノコは12月からイノシシが利用します。

家畜用の牧草も野生動物にとって冬場の貴重な餌になる

山の一斜面を削って道路が整備され、斜面（法面《のりめん》）に土が崩れないように大量の草が吹き付けられます。冬に育つ寒地型牧草が使われることが多く、これらは尾根に建設される風力発電の風車や携帯電話の送受信器建設の作業道路にも使われます。冬場でも至るところに、これまでは考えられないほどの餌が存在するようになったのです。冬の餌が増えれば、日本全体で野生動物をたくさん養える環境になるのです。

⑾ 多獣種に対応 複数の柵を組み合わせて

農地の多くは、多獣種による被害が起きています。うちはイノシシだけ、サルだけの被害という場所は少ないと思います。イノシシの侵入を防いだら、ほかの動物による被害だったこともたくさんありました。今回は多獣種による被害防止について考えます。

まず、メインとなる大型動物の対策に、ほかの動物の対策を組み合わせて考えるとやりやすいでしょう。

たとえば、イノシシ用に金網やワイヤメッシュ柵を利用している場所にタヌキやアナグマが出た場合、タヌキやアナグマは体のサイズが小さいので、目合いを通り抜ける可能性が考えられます。既存の金網柵の下側にトタンや目合いの細かい防風ネットなどを張るとよいでしょう。

アナグマは地面を掘るので、あらかじめ地中にトタンやネットを埋める必要があります。アライグマやハクビシンが出てくる地域はやっかいです。彼らは木登りが得意なので、柵を簡単に越えてしまいます。となると電気柵が効果的ですが、既存柵の前に電気柵を張るのは大変です。

イノシシのように大きな動物に対しても地面から20センチ間隔で張るのですから、ハクビシンのような動物たちには地面から5センチや10センチ間隔で張ることになります。これでは、下草が伸び漏電しやすい上に草刈りが大変です。柵の上に電気柵を張ることになります。柵から5センチ離して電気柵の柵線を張ります。取り付ける柵が金網の場合はアースの役割を果たしますが、ナイロン製の防獣ネットや防風ネットの場合、アースにはならないので、柵の上にハウスパイプなど金属のパイプを設置します。動物はこのパイプにつかまったり乗ったりしながら電気柵に触れます。このパイプがアースとなり、動物に電気ショックを与えられます。

ネット柵と電気柵を組み合わせた例

これはシカ対策のネット柵の上に、電気柵を通したものと考えてよいでしょう。いくつかの柵を組み合わせることでいろいろな動物の侵入を抑えることができます。そして最も大切なことは、設置後のこまめな点検と補修です。

(1) イノシシ 二つの半月型の蹄の足跡が特徴

野生鳥獣による被害対策は、捕獲によって個体数を減らすよりも、柵で圃場を防衛することが重要です。加害獣によって有効な柵は異なり、まずはどんな動物から被害を受けているのかを明確にする必要があります。

イノシシは、北海道、東北の一部を除いた地域で農作物被害を与える大型哺乳類です。さまざまな農作物を加害しますが、特に米とイモ類の被害が甚大で、広い地域で共通して見られます。大型であること、泥や軟らかい地面を避けずに歩くことから、比較的足跡が残りやすく、腹を合わせるように並んだ二つの半月型の蹄《ひづめ》の跡が特徴です（写真右）。

日本では、蹄のある野生獣はイノシシのほかに、シカ類（シカ、カモシカ、キョン）がいます。同じ蹄を持つ動物でも足跡は異なります。シカ類の足跡はイノシシに比べると、少し細い俵型の跡が並行して並ぶような形になります。また、イノシシは

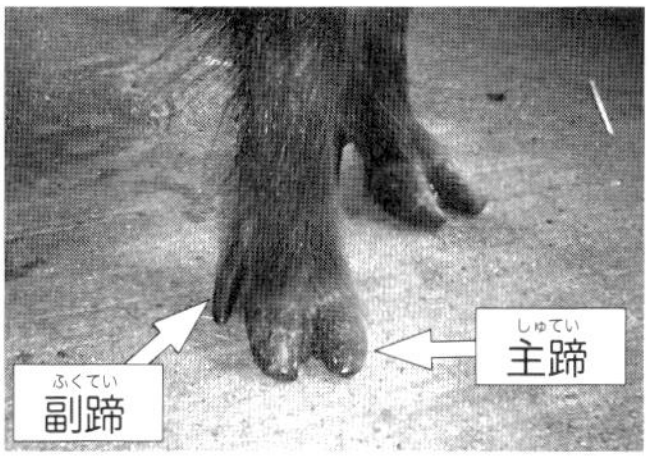

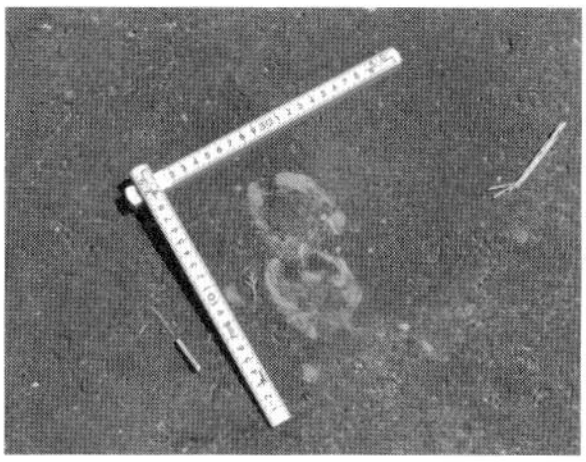

イノシシの足跡（写真右）／イノシシの足（同左）

副蹄とよばれるかかとにあたる場所の蹄がシカ類より低い位置についているため（写真左）、泥の上や力を入れて歩いた際に足跡に残ることがあります。しかし、見慣れていないと見分けが難しいかもしれません。

イノシシは鼻で地面を掘り返すことが得意で、根菜類が食害を受けたり、被害地の周りに線状・面状に土を押しのけたような掘り返しの跡を残すことがあります。また泥を体につけて動きまわるため、通り道の草や枝に乾いた泥が白く残ることもイノシシの存在を示す大きな特徴になります。

柵での対策のポイント・圃場を囲うことが肝心

イノシシの被害対策は、ワイヤメッシュ柵か電気柵が広く普及しています。いずれも必ず圃場全体を囲うことが肝心です。道路からはイノシシは来ないだろう、家と接している部分は防衛しなくてもいいだろうといった誤解があります。しかし、イノシシは柵沿いを歩いて侵入口を探すので、一部が空いていれば必ず入ります。

ワイヤメッシュ柵は下部をしっかり留めること、電気柵は地面から20センチ間隔で2本張り、雑草の管理を徹底することが重要です。

（石川圭介・堂山宗一郎／農研機構・西日本農業研究センター　鳥獣害対策技術グループ研究員／46〜59ページ）

(2) ニホンザル
圃場の外に散乱した食べ跡が

サルの被害痕跡は特徴的なものが多く、ほかの動物種よりも判別しやすいかもしれません。サル以外の多くの動物種は、人間のいない夜に農地へ出てくることが多く、私たちが動物そのものを見る機会は少ないです。一方、サルは昼行性ですので、昼間に農地で現行犯を確認できることが多いためです。

顔や尻が赤みがかっているなどの体の特徴から、ほかの動物と間違えることも少ないでしょう。群れで行動し、声を出し合ってコミュニケーションをとるため、農地周辺の林内から聞こえてくる鳴き声で存在を確認できます。ただし、1匹や数匹で暮らす離れザルは、人目を忍んで静かに農地へ現れることが多く、発見が難しいです。

サルの場合、足跡での判断が難しい可能性があります。というのも、目立つ足跡が農地にあまり残らないからです。四肢には、人間と同じような5本の指と大きな

首だけがかじられたダイコン（写真右）／白い部分が食べられたネギ（同左）

手のひらがあり、親指も横向きについているため、足跡は非常に特徴的です。しかし、手足の裏が汚れることを好まないため、足跡が残りやすい軟らかい泥の上などはあまり歩きません。

サルの被害痕跡で、最もわかりやすいものは食べ跡です。とにかくサルの食べ跡は、汚く散らかっていることが多いからです。果実の場合は、袋がビリビリに破られ一口かじって捨てられたり、果皮がそこら中に散乱しています。ネギやタマネギは、青い部分が残され白い部分だけがかじられていたり、シイタケは石づきだけが食べられて傘が捨ててあり、ダイコンは地表に出ている首だけをかじられる被害も、ほぼサルの仕業だと考えていいでしょう。サルは作物を農地で食べず、周辺の道路の上や樹上まで持って行き食べることも多く、圃場外で食べ跡が目につきます。

サルの被害が出始めた地域では、農地はもちろんのこと、屋根の上や道路上などで見かけた場合でも、すぐに追い払いをすることが重要です。サルはいきなり農地を目指すのではなく、徐々に人慣れをし、人が怖くないと判断した集落が餌場にされます。初期の段階で「ここはお前たちの来るところじゃない。人は強いぞ！」とサルに教えることで被害を抑えられます。

被害が日常的に起こる地域でも、追い払いを継続し、サル用に考案された侵入防止効果の高い電気柵「おじろ用心棒」などを設置することで被害を止めることはできるため、地域に合った対策を選択してください。

(3) ニホンジカ 足跡と鳴き声、ふんで判断

ニホンジカ（以下、シカと表記）は、一部の島しょ部を除く日本全域に広く分布する大型の草食獣です。体の大きさやすんでいる場所でいくつかの亜種に分類されますが、奈良公園で人の手から餌をもらうシカたちを思い浮かべてもらえば想像しやすいかと思います。

草が主食ですが、餌が少ないと樹皮や落ち葉なども食べてしまいます。ほかの加害獣に比べると、食べる物の種類が多く、ほとんどの農作物が被害を受けます。林業や自然植生へも悪影響を与え、シカが増えると山の中の貴重な植物が失われたり、台風後の倒木からの新たな樹木の芽生えが妨げられ、土壌流出や山崩れの原因にもなると危惧されています。そのため、農地を防衛するだけではなく、個体数を減らすことも重要です。

シカの足はイノシシやカモシカと同じ蹄ですので、足跡だけで見分けるのは難し

シカのふん（写真左）／シカの足（同右）

いかもしれません。イノシシが半月型なのに対し、シカは二つの並行した俵型になり、副蹄が高い位置にあることから（写真右）、副蹄の跡は付きにくいのが特徴です。

秋になると、オスは自分の存在を主張するために、夜に「フィーヨー」という声で鳴くので、シカの存在がわかります。また、ふんは少し細長い黒豆のような形をしています（写真左）。カモシカや野ウサギがよく似たふんをしますが、前述の足跡や鳴き声と合わせてシカの存在を判断すると良いでしょう。

高さ150センチの柵・地際は固く留めて

シカの被害対策は、イノシシ同様ワイヤメッシュ柵や電気柵が用いられます。跳び越えられないよう150センチ程度の高さが必要です。電気柵の場合は30センチ間隔で5段、イノシシもいる地域であれば、20センチ間隔で6段の電線を張る必要があります。これだけ多い段数の電気柵を管理するのは大きな労力を必要としますので、広い圃場の場合はワイヤメッシュ柵の方が維持しやすいでしょう。

柵の設置はイノシシ対策同様、隙間なく全周を囲います。また、シカは跳び越える能力が高いですが、いきなり跳ぶようなことはしません。最初は潜り込みで侵入しようとしますので、柵の地際をしっかり留めることも重要です。

(4) アライグマ しま模様の尻尾と足跡で識別

アライグマは北米原産の中型哺乳類です。ペットとして日本に輸入されましたが、飼いきれなくなるなどして野外へ放たれ野生化し、現在では日本のほぼ全土に定着しています。

雑食性で、さまざまなものを食べます。植物質であれば果実を好んで食べるため、ブドウやモモなどに食害が発生しています。動物質のものであれば、カニやカエル、鳥類の卵やひなも食べるため、日本在来の生物が餌となり、生態系への影響も現れています。また、人家の屋根裏を休息や繁殖の拠点とすることによるふん尿被害の発生や、寄生虫などの人獣共通感染症を媒介する可能性も懸念されることから、外来生物法により特定外来生物に指定され、飼育や輸入が規制されています。

アライグマによる農作物被害が拡大している原因として、タヌキやアナグマなどと見間違えてしまい、対策が遅れて後手後手になっていることが挙げられます。被

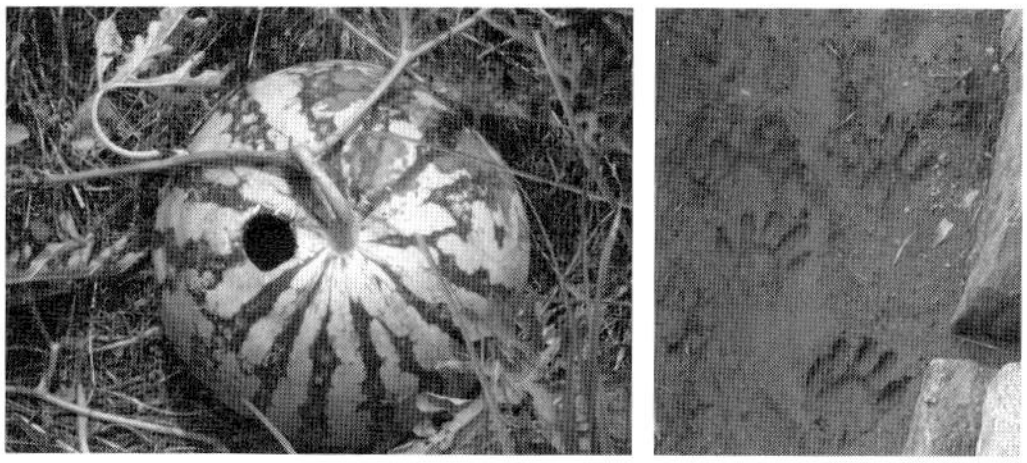

5本指が特徴的な足跡（写真右）／小さな穴を開けたスイカの食べ跡（同左）

害対策の資料やパンフレットには、その見分け方の詳細が掲載されていますが、いざ現場で動物が横切ったりした姿を瞬間的に目撃するだけでは、識別することは困難だと思います。

そのため、アライグマを見分けるにはまず、「尻尾を見る」というポイントだけでも覚えてください。アライグマの尾には、しま模様がありますが、タヌキやアナグマ、ハクビシンといった見間違いやすい動物の尾には、しま模様がありません。

足跡も独特の形をしているため、見分けるポイントになります。アライグマの手足には5本の長い指があるため、足跡には指の形が残ります。泥や土の上以外にも、アライグマが登った人家の柱にも足跡が残っていることもあります。また、袋がけをした果実をアライグマが食べた場合、前足で袋を持って破くことが多く、袋に5本指の手形が残っていることもあります。

行動特性を逆手に電気柵が有効

アライグマが独特の食痕を残す作物はスイカです。スイカの皮に直径5センチほどの穴を開け、そこから手を入れて中身だけを器用に食べます。このような食べ方をする動物は、アライグマ以外にはいません。しかし、アライグマの開けた穴をカラスやアナグマなどが広げて食べることもあるため、判別しにくいこともあります。

アライグマの登る、立ち上がるという行動特性を利用し、埼玉県で考案された「白落くん」や「楽落くん」という電気柵が、高い防除効果を発揮しています。

(5) ハクビシン
木登り得意、高い位置の果実も被害

ハクビシンは体長60センチほどの中型の哺乳類で、体の細いネコのような動物です。灰色の体の半分ほどもある長い尻尾と、おでこから鼻にかけて白い筋があるのが特徴で、「白鼻芯」の名前のもとになっています。

中国語では「果子猫」などと記す通り、果物を好んで食べます。ミカンやブドウといった果汁の多い果実や、トウモロコシのような甘味のある野菜が主に食害されます。台湾や中国、東南アジアに生息していたものが日本に移入されたと考えられていますが、明治時代のころには既に日本で野生化していた記録があり、現在はほぼ日本全国に生息しています。

ハクビシンの足跡は、大きな手のひらの部分と、小さな五つの指先の部分から構成される3センチ程度のものです。よく似た足跡を残すイヌ、ネコ、キツネ、タヌキとは指先の部分が四つしかないことで区別できます。アナグマやテンは同様に指

左がイノシシの食痕、右がハクビシンの食痕（写真右）／ハクビシンは、よじ登り、くぐり抜けるため、普通のワイヤメッシュ柵では侵入を防げない（同左）

先が五つの足跡を残すため、混同しやすくなります。

活動は完全な夜行性

また、硬い石や倒木の上を好んで歩くことから足跡が残りにくく、ハクビシンがいても足跡が見当たらないことがあります。家屋や作業小屋の屋根裏などにすみつき、木製の柱や板壁などに足跡・爪跡が見つかることもあります。活動は完全な夜行性であり、存在に気づきにくい動物です。

食痕は、木登りが得意なため、ほかの動物では口が届かない高い位置の果実が食害を受けることや、果実を引きもぎすることからヘタの周りの果皮が木に残りやすいことが特徴です。地面に落ちたミカンなどは、手で皮を押さえて中身をきれいに剥がして食べるため、イノシシのように果実全体を口に含んだあとに皮を吐き出す動物と見分けがつきます（写真右）。

ネットの上に電気柵

被害対策には柵の設置が有効ですが、イノシシやシカなどの大型獣用の柵では効果がありません（写真左）。くぐり抜け防止のため、目合いが3センチ以下の金網やネットを用います。乗り越えを防ぐため、柵の上部に電気柵などの仕掛けを設置することが必要です。埼玉県農業技術研究センターが開発した「白落くん」などがおすすめです。

四つの肉球がある
タヌキの足跡

(6) タヌキ アライグマと見分けて被害抑制

タヌキは日本人に最もなじみのある野生動物ではないでしょうか。北海道から九州までの広い範囲に生息し、中山間地域はもちろんのこと郊外の住宅地を生活圏にすることもあり、人間の目につきやすい動物です。その反面、警戒心が強い動物でもあります。たとえばアライグマなどの外来種と比べて、研究用に設置したカメラや捕獲おりなどの新奇物にすぐには近づかなかったりします。

雑食性でさまざまなものを食べます。特に果実は好物であるため、イチゴやスイカ、メロンなどへの被害が発生しています。トマトとトウモロコシへの被害も目立ちます。イヌ科の動物であるため、アライグマやハクビシンと比べると木登りは上手ではなく、樹上での果実食害はタヌキの被害ではない可能性が高いと考えられます。しかし、木登りが上手な個体がまれにいることや、樹高の低い温州ミカンや棚高が低いブドウでは、登られて食べられることもあるため、注意が必要です。

アライグマの項（52～53ページ）で紹介した通り、タヌキとアライグマを区別で

尾にしま模様がないタヌキ（右）と、しま模様があるアライグマ（左）

きないことによる被害の拡大という問題があります。両種の写真をよく見比べて判別できるようにしていただければと思います。タヌキは毛色が茶色がかっており、尾にしま模様はありません。アライグマは毛色は灰色がかっており、尾に目立つしま模様があります。

「ためふん」でも判断

タヌキの足跡は、軟らかい土の上やマルチシートに残りやすいため、被害農地で見かけることも珍しくありません。イヌ科の動物であるタヌキの足跡には、四つの肉球がしっかりと残ります。ただし、肉球の先にある爪の跡は、マルチシートなどの上では残らないこともあります。同じイヌ科のキツネの足跡は縦長なことが多いですが、タヌキの足跡は縦横の長さが同じくらいです。

タヌキは、同じ場所にふんをする「ためふん」という習性があります。ためふんの場所は、1個体が10カ所ほど持っており、同じ場所を複数の個体が利用することもあります。農地周辺にためふんがあれば、タヌキの行動圏である可能性が高いでしょう。

被害対策は、家庭菜園程度であれば網目の細かいネット柵が有効です。タヌキは自ら穴を掘って侵入することは少ないのですが、ネットの切れ目や地際から侵入することが多いため、ネットの地際は土に埋めて隙間ができないように設置してください。電柵線を10センチ間隔に設置した2段の電気柵も効果を上げています。

(7) アナグマ
尾は短く、穴掘りが得意な長い爪

アナグマという動物をご存じでしょうか？　本州や四国、九州に生息するタヌキと同じか少し大きい体格の中型哺乳類です。「ムジナ」という名前で呼ばれることも多く、なかにはタヌキと区別せずにまとめてムジナとされることもあります。名前に「クマ」と付いていますが、クマとは全く別のイタチ科の動物です。一方、名前が示すとおり、土を掘って穴を作るなどの掘る行動が得意な動物です。

タヌキやアライグマなどの中型哺乳類と同じく雑食性で、植物質のものであれば果実を好みます。タヌキと同様に木登りは不得意で、果樹の被害よりもイチゴやスイカ、トウモロコシなどの甘味のある作物への被害が中心です。ただし珍しいことですが、棚の上を歩いてブドウを探しているアナグマをカメラで撮影したこともあるので、絶対に高いところへ登らないということはありません。

アナグマはハクビシンと見間違えられることが多々あります。ハクビシンの特徴

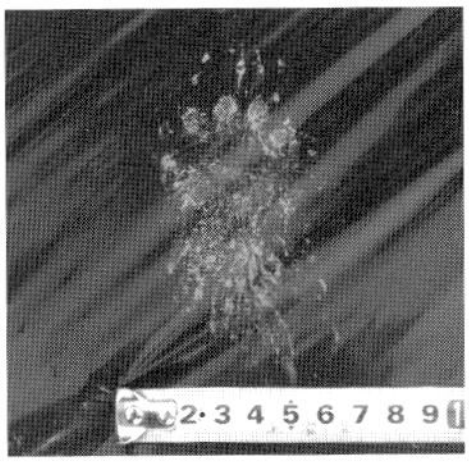

アナグマの尾は短い（写真右）／爪跡が残ったアナグマの足跡（同左）

である顔の白い筋模様と似たものがアナグマの顔にもあります。しかし、ハクビシンは真っ白な筋であるのに対し、アナグマは薄い茶色の太い筋であるため、見慣れればその違いがよくわかります。さらに、ハクビシンは長い尾が目立ちますが、アナグマの尾は短く目立たないため、尾で判断する方が簡単です。

イタチ科の動物であるため、足跡には肉球部分が五つあり、肉球が四つのタヌキやキツネとは違います。アライグマのような長い指はないため、足跡にも指の跡は残りませんが、アナグマの四肢の先には穴を掘るための長い爪が生えているため、足跡に爪の跡が残りやすいです。

被害農地の周辺に巣穴

アナグマは掘った穴を巣穴として利用し、そこを中心に生活をしています。そのため、被害農地の周辺には直径20センチ程度の入り口の巣穴を見つけることができます。掘ることが得意で、ワイヤメッシュ柵やトタン柵の下を掘って侵入することがあります。防護柵の下部を地中に15センチ以上埋めて設置すれば、侵入防止効果が高くなります。

柵の下を掘ってできた侵入路からタヌキが侵入することが頻繁にあり、時にはサルがそこから侵入していた事例もあります。アナグマだけであれば甚大な被害になることは少ないですが、他の動物の侵入を助長している可能性もあります。アナグマが掘って侵入した場所を発見した場合は、速やかに補修しましょう。

第3章

地域ルポ・生産現場の工夫

みんなで守る　地域の暮らし（1）

老人クラブが活躍

滋賀県甲賀市　宮尻集落

滋賀県甲賀市信楽町《しがらきちょう》の中山間地にある宮尻集落では、70~80代の高齢者で組織する老人クラブのメンバーが獣害対策に活躍する。恒久柵が設置できず対策から漏れていた小規模圃場で、簡易柵を導入するなど被害防止に努めている。集落では市街地に働きに出る住民が多いなか、不在時に老人クラブのメンバーが草刈りやサルの追い払いなど日常的な作業を担い、獣害防止の下支えとなっている。被害抑制の成功が、取り組む高齢者にとっても新たな対策や営農継続の意欲につながり、集落に活気を生み出している。

講習会で習性などを確認

サツマイモの収穫を無事に終え、圃場に訪れた老人クラブの20人は満足そうだ。ここは2015年、シカ・サル害により収穫ができなかった圃場（3アール）で、16年は獣害対策に成功し計130キロを収穫できた。代表を務める大谷穆彦さん（78）は「農家にとって、作物を育てて収穫できることが何よりの生きがい。今年は全く被害がなく、みんな喜んでいる」と話す。

老人クラブには、退職後の高齢者25人ほどが加入し平均年齢は78歳程度。普段は旅行での交流や小学生にしめ縄作りを継承する活動に取り組む。長年、農業に従事してきたメンバーが多く、生きがいづくりや運営資金の確

試し掘りで「ようできてる」と喜ぶ大谷さん（中）ら老人クラブのメンバー

保のため、10年以上前から共同の農場を設けている。

収穫したサツマイモは近隣住民へ販売し、収益がメンバーの親睦会2回分の費用となった。メンバーが集まる収穫日は、行政が獣害対策を指導する講習も開催。圃場周辺のシカの習性や、サルの追い払いのポイントなどを確認し意識を高めた。

今回、設置した簡易柵はシカとサルの侵入防止が目的。ワイヤメッシュで圃場を囲み、さらにシカ対策として電気柵を張りめぐらせ、サル対策には支柱にアルミテープを巻いた「おじろ用心棒」を設置。サルが柵を登って支柱をつかむと電流が流れ感電する仕組み。導入コストは約7万円かかるが、今回は県の試験協力として無償となった。設置作業は2人で2時間弱。周辺の草刈りや伐採もメンバーで徹底し、獣の隠れそうな箇所を減らした。

大谷さん自身は16年から箱わなの設置も始め、シカ2頭を捕獲した。「柵の外は夜になると獣が歩く。今までどおりの農業を続けるため、駆除も進める必要がある」と力を込める。

緩衝地帯や放牧で侵入回避、労力削減

宮尻集落では、この4～5年で獣害が急増。15年冬に県やＮＯＳＡＩなどと共に地域の被害や弱点を点検し、16年から本格的な対策を進めている。

獣害対策の中核は、集落内の農家25戸で組織し水路の整備や草刈りなどを共同で行う農業組合だ。研究機関との情報共有や先進地での視察などを行う。山林と人里の間にある休耕田にヤギやヒツジを放牧して緩衝地帯を設け、侵入回避と除草の労力軽減につなげるなど新技術を

積極的に取り入れる。

ただ、課題も残る。農業組合は市街地へ働きに出る兼業農家が多い点だ。役員を務める関谷武治さん(61)は「獣の発生や被害にすぐに対応できることが大切。老人クラブのメンバーは畑に関わる時間が長く、草刈りなどに熟練している」と話す。

住民の3割を65歳以上が占め、ほとんどの世帯に老人クラブのメンバーがいる。普段の農作業では、恒久柵周辺の草刈りなど日常的な管理を徹底している。サルの追い払いは、群れの接近情報を市から自治会が受け取り、連絡を受けた老人クラブのメンバーなどでロケット花火を打ち上げて脅す。

ヤギの放牧による緩衝地帯を示す農業組合の関谷さん

集落の恒久柵は、道路や川などに囲まれた農地のまとまりごとに市の補助を受けて受益者で設置した。一方、老人クラブの共同圃場のように道沿いの小規模農地は、対策が自己負担となり恒久柵は設置しにくい。管理を放置すれば獣の餌場となってしまう。

老人クラブの圃場は集会所の近くにあり、住民で見る機会が多い。対策を指導する甲賀農業農村振興事務所・農産普及課では「獣害対策は地域づくりの一つ。成功した事例を住民が見ることで、他の圃場でも取り組む意欲につながってほしい」と期待している。

老人クラブでは17年以降、シカに食害されにくいコンニャクイモやエゴマの栽培にも挑戦し、一緒に農作業に汗を流し、加工・販売などを通じて、さらにメンバーの交流や収益確保も図る方針だ。

(2016年11月1週号　全国版)

みんなで守る　地域の暮らし(2)

住民合意が解決の要

三重県津市
上ノ村自治会獣害対策協議会

三重県津市白山町の上ノ村自治会獣害対策協議会は、非農家を含めた集落全戸でイノシシやシカ、サルの侵入防止柵の施工と点検・保守に取り組み、農作物被害が8割減少している。4段階での柵管理をルール化し、集落全体で行う年3回の草刈りのほか、地区別に2週間ごとの点検、事務局による毎月の見回りを実施する。支柱全てに番号を付ける工夫で、侵入場所の把握や補修箇所の指示がしやすい。柵の施工前に、マイナス面も含め丁寧に説明し、合意形成した成果という。わな猟免許を取得した大学生や民間企業との連携も進め、地域活性化につなげたい考えだ。

イノシシ、シカ、サル対策に8キロの柵

「みんなで作った恒久柵を最大限に活用した獣害対策が活動の根幹だ。目に見える形で成果を実感でき、獣が侵入する場所を特定すれば、効果的に捕獲できる」と、協議会の事務局を務める木村和正さん(61)は話す。

上ノ村集落は津市西部に位置する中山間地域で、79世帯、290人強が住む。水田は36ヘクタールあり、良食味ブランド「一志米」の産地として知られる。イノシシとシカの侵入を防ぐ高さ2メートルの恒久柵は、集落を囲んで全長8キロに及ぶ。そのうち5キロ分には、柵の上部に10センチ間隔で3本の電牧線を張り、サルの侵入防止にも対応する。

恒久柵の点検・保守は、①集落全体、②地区別、③個人、④事務局――の4段階で徹底し、獣が集落内に侵入する隙を与えない。自治会総出による管理は5月と7月、9月の年3回行う。獣害対策の最近の話題を説明した後、地区ごとに草刈りする。地区別には5～8月は2週間ごと、9～4月は1カ月ごとに輪番制で点検・保守を実施し、日報の記帳を義務付ける。

柵を効率的に管理するため、全ての支柱には番号を付けている。支柱の間隔をあらかじめ測り、独自に作ったパソコン上のデータベースに登録する。補修箇所などの特定が容易なだけでなく、補修に必要な資材の量もすぐに計算できる。

道路で恒久柵が途切れる場所は出没する可能性も高く、箱わなを設置、捕獲に努める。2015年度は140頭を捕獲した。協議会の会長で狩猟免許を所持する山口俊宏さん(71)＝水稲30アール＝は「柵の外側で、獣の餌場になりそうなところに箱わなを仕掛けると捕まえやすい」と話す。15年からは、侵入されやすい場所に忌避効果を狙いヤギの放牧を始めた。

柵周辺の草刈りに8割の世帯が参加

イノシシやシカの農作物被害が増え始めたのは08年ごろだ。被害金額は10年には448万円だったが、11年度に恒久柵を施工し、15年には97万円に大きく減った。強制参加とはしていない草刈りに、毎回8割ほどの世帯が参加し続けているのは、丁寧な住民合意に努めた成果という。

「被害が多い農地と少ない農地があり、農家間には温度差がある。柵を年度内に完成させるには、非農家や入り作農家を含めた協力が必要。多数決でなく、一人でも多くの人に心から賛同してもらうことが必須だ」と木村さん。

住民全戸に参加してもらうため、同じ内容の住民説明会を2回開いた。配布資料には、「恒久柵を設置すれば、長期にわたる保全管理が必要」などマイナス面にも言及。2回とも欠席した世帯には訪問して説明したほか、会合に出席しない女性の意見や要望も聞くよう心掛けた。非農家には柵が完成するまでに必要な労力を提示し、作業負担に理解を求めた。恩恵を受ける入り作農家22戸にも作業の協力を呼び掛けた。作業に参加できない一人暮らしの高齢者にもネジ付けを手伝ってもらった。

三重県中央農業改良普及センターは「非農家を含む住民全員が納得できるよう、丁寧に合意形成している。住民の結束力が強くなり、獣害対策のモチベーション維持につながっている」と評価する。

「イノシシに掘り起こされた箇所を補修した」と木村さん（左）と山口さん

箱わなを確認する新海さん

大学生と連携し地域づくりを推進

上ノ村集落では、大学生と連携して地域づくりを進めている。三重大学生物資源学部4年の新海佑太さん（22）は狩猟免許を取得し、山口さんの〝弟子〟となり有害鳥獣の捕獲に活躍。「鳥獣被害に関わる仕事に就き、卒業後は上ノ村に住みたい」と話す。15年度から大手の住宅建設会社と連携し、遊休農地を利用した米作りのほか、恒久柵周辺の草刈りなども手伝ってもらう。

木村さんは「獣害対策でマイナスがゼロになるだけでは続かない。有機的なつながりが生まれ、たくさんの人が訪れ、地域が元気にならねば」と強調。一方、イノシシやシカの被害は減ったものの、最近はハクビシンやアライグマなどの被害が増えている。山口さんは「捕獲も含め、対策を考えたい」と、獣害駆除はこれからも続きそうだ。

（2016年5月1週号　全国版）

みんなで守る　地域の暮らし（3）

柵と作業道で侵入防ぐ

香川県さぬき市　豊田自治会

中山間地域にある香川県さぬき市大川町田面《たづら》の豊田自治会（28戸）では、山中に設置したイノシシとサルの侵入防止柵に沿って、軽トラックが通れる幅5〜10メートルの作業道（緩衝帯）を整備している。見晴らしが良くイノシシやサルが出にくくなったほか、日頃の柵管理が容易だ。集落全戸で年3回実施する草刈りで、機械や資材が運びやすい利点もある。省力的な柵管理に加え、イノシシの捕獲やサルの追い払いを組み合わせ、2011年以降は獣害がほとんどなくなった。休耕地120アールが復田するなど集落に活気が生まれている。

作業道は緩衝帯の役割

「10年、20年先を見据え、柵の管理を続けやすいよう工夫している」と、豊田自治会役員の多田正一さん（65）は強調する。侵入防止柵に沿って、集落側に軽トラ1台が十分に通れる作業道を設け、雑草がきれいに刈られている。イノシシやサルが近寄りにくくなるほか、共同作業で草刈り機などを担いで山道を歩く労力が軽減される。

豊田自治会は住民全戸で組織する。農家は22戸で、集落には水田12・5ヘクタールやクリ畑などがあり、役員9人が中心となって獣害対策に取り組む。緩衝帯の整備や柵の設置などは1〜2月に実施し、集落では冬の恒例行事となっている。パワーショベルなどで山を切り拓き、

以前は休耕地だったが、今は共同家庭菜園として利用されている。
手前から有馬さん、行梅さん、多田さん

柵沿いに緩衝帯を整備する。一方、管理の省力化を狙って柵の設置ルート変更も行う。当初は柵の全長は7キロ弱だったが、現在は4キロまで短縮している。

自治会副代表の有馬義幸さん（68）＝水稲80アール＝は「自分たちで汗水を流して作った柵だ。管理にも気の入れ方が違う」と話す。各戸に担当の管理区域を指示するほか、全戸参加の共同作業で、草刈りを4月と7月、11月の年3回、1日がかりで実施する。中山間地域等直接支払交付金を利用して日当を支払う。女性には食事を準備してもらい、みんなで食べる昼食が楽しみとなっているという。

柵の強度を増し、雑草管理も徹底

柵は、高さ125センチのワイヤメッシュ上部に、サルの侵入を防ぐため、忍び返し状に電牧線を2段張る構造だ。耐用年数を延ばすため、直径6ミリの鉄筋を使い、通電するペンキで表面を塗装する。地際をくぐられないようワイヤメッシュの下部10センチは地面に埋め込み、隙間をなくすのがポイントだ。支柱の間隔は2メートルで、地面に深さ50センチ以上刺すことで強度も増した。さらに複数のワイヤメッシュをワイヤでつなぎ補強する。

有馬さんは「限られた日数で一気に柵を完成させようとすると、施工作業が雑になりがちだ。柵の管理も対応できない。豊田自治会では毎年少しずつ丁寧に施工している」と説明する。

林道があり、柵を設置できない場所には重点的に箱わなを設置し、イノシシなどを捕獲する。山際の住民にはロケット花火を配り、サルが現れた際に追い払いを行う。

柵に沿って整備した作業道は軽トラが走れる幅を確保している

ワイヤメッシュの下部は地面に埋め込む

東讃農業改良普及センターでは「獣害を自分たちで何とかしようと、地域一丸で取り組み、成果を挙げている。次世代にも引き継いでもらうため、工夫して管理をしやすくしている」と評価する。

集落中心部にある20アールの共同菜園では、今は野菜などが栽培されている。獣害で休耕地となったが、周囲に柵を設置し、共同菜園で多くの人が訪れるため、被害がほとんどなくなり、作付けを再開した。自らの獣害対策が有効だと確認し、取り組みの原点となった圃場だ。

自治会代表の行梅義照さん(64)＝水稲1・1ヘクタール＝は「成果が出ているから続けられる。獣害対策で、集落の一体感が強まっている」と話している。

（2015年9月2週号　全国版）

みんなで守る　地域の暮らし(4)

学生との交流が継続の力に

岩手県盛岡市　猪去地区

盛岡市猪去《いさり》地区では住民と市、岩手大学、猟友会などとが連携し、捕獲だけに頼らないツキノワグマ対策を講じたことで、農作物被害の減少に成功した。山際のリンゴ園地の周囲に恒久電気柵を地面から20センチ、20センチ、30センチ、30センチの間隔で3〜4段張る。年3回の一斉除草作業を実施し、電気柵に沿って50メートル幅の緩衝帯を整備した。沢にも通電させたチェーンをすだれ状に垂らし、人里への侵入防止を徹底する。除草作業に駆けつける大学生には、地区の祭りや運動会への参加を呼び掛け、交流を深めることが住民のやる気につながり、獣害対策を10年間継続できている要因になっている。

猪去地区は、JR盛岡駅から西側7キロの平野部に位置し、薬師山の裾野に160戸650人が住む。水稲やリンゴの生産が盛んだが、ツキノワグマによる果樹被害がたびたび発生。自治会長の山口弘さん(61)＝リンゴ260アールなど＝は「ツキノワグマがリンゴの樹に登ると、果実の食害だけでなく枝折れも多発する。樹形が変わると翌年の収量にも影響し、やっかいだ」と話す。

岩手県が「ツキノワグマの出没に関する警報」を発表した2016年は、市全体で23頭を捕獲したうち猪去地区では1頭だけだった。農作物被害が深刻だった06年は、市全体で26頭を捕獲したうち5割の13頭が同地区だったことから、10年間続けた獣害対策の成果といえる。

獣害対策をアドバイスする岩手大学農学部の出口善隆

准教授は「ツキノワグマは、農作物被害だけでなく人身被害が各地で発生し、他の獣種より危険度は高いといえる。ただ、本来は怖がりで警戒心が強い動物。やぶを払うなど見晴らしを良くし、電気柵を張り、人里に近寄らせない対策が基本だ」と説明する。

リンゴ園地に設置した恒久電気柵を確認する山口さん。冬季はワイヤを緩めている

実践する獣害対策は主に二つ。ツキノワグマを人里に侵入させないよう、山とリンゴ園地の境界に恒久電気柵を施工する。ツキノワグマが草むらに隠れ、危険がないことを確認してから人里に現れる習性を踏まえ、柵に沿って緩衝帯を設けたことだ。

下草を刈って緩衝帯を整備

冬場撤去いらずの高張力鋼線を採用

全長2キロほどの恒久電気柵はフェンシングワイヤ（高張力鋼線）を採用する。通電性に優れる上、積雪がある冬季も撤去せずにワイヤを緩ませるだけで済む。ツキノワグマが冬眠から目覚め、活動を始める前の4月末ごろに張力を高める。

緩衝帯の整備では、一斉の除草作業を6月、7月と9月の年3回実施する。多面的機能支払交付金を活用し、参加者には賃金を支払う。出没しやすい場所は特に広く、50～60メートル幅で除草する。作業には、猪去地区でツキノワグマの生態を研究する学生サークル「岩手大学ツキノワグマ研究会」も参加する。

出没場所にはセンサーカメラを取り付け、行動を確認してから対策を検討する。それでも被害が多いリンゴ園地には、最後の手段で箱わなを設置する。あくまで「クマとの共存」が基本だ。

「はつらつとした大学生との交流が獣害対策を継続する秘訣だ。猪去地区の応援者となってほしい」と山口さん。住民の顔ぶれは変わらない一方、研究会に参加した新しい大学生が興味津々でやってくるという。

行動を監視し被害情報の周知へ

ただ、あくまで地域が主体となって活動していくことが重要という。住民の問題意識を高めるため、広報に力を入れる。たとえば、リンゴの廃果はツキノワグマを誘引する要因となるため、センサーカメラを取り付けて廃果を食べる様子を撮影、回覧して廃果の放置をやめるよう訴える。学生が作成した被害マップを回覧し、被害情報周知にも努める。

出口准教授は「助言を得て正しい知識を学び、地区外の人と連携して地道に活動してきたことで効果を上げたのだろう。毎年新しい学生と関わり、マンネリ化を防いでいる点も大きい」と指摘する。

（２０１７年３月４週号　全国版）

みんなで守る　地域の暮らし（5）

かんきつなど生産に意欲

高知県四万十市　大屋敷集落

高知県四万十市の大屋敷集落では、住民全戸で全長10キロに及ぶ野生獣の侵入防止柵を施工して獣害を克服し、地元産の農林水産物を安定的に県外へ売り込んでいる。無償で譲り受けた漁網も再利用して柵に活用。住民が毎月、自宅や所有する農地の周辺を見回り、点検・補修する。住民の結束が獣害対策で一層強まり、耕作放棄地を再生したかんきつ栽培も始まった。米や野菜、原木シイタケ、川で取れるアユなど中山間地域の豊富な資源を東京のスーパーや飲食店に出荷する販路を確保。集落で安定収入を得られる手段を生み出し、若者の移住、定着にもつなげたい考えだ。

「ブシュカンがこのまま順調に育てば、大手酒造会社から購入したいと声が掛かっている。楽しみだ」と、水稲30アールを栽培する山本真一さん（66）は顔をほころばせる。

地域活動として栽培するのは、市が特産化を進める香酸かんきつ「餅柚」だ。地元では「ブシュカン」という方言で親しまれ、青いうちに果実を収穫し、搾ったり皮ごと刻んで焼き魚などにかけて、風味を楽しむ。糖度上昇の工夫を必要とせず、栽培管理は比較的容易という。

中山間地域等直接支払制度を活用して約30アールの耕作放棄地を整備。ブシュカンの1～2年生苗150本を2016年2月に定植した。周囲には75ミリ目合いの金網柵を施工し、野ウサギ対策でシートも併用。早ければ

19年にも収穫できる見通しだ。

全戸参加へ作業割り振り

「自分たちの集落は自分たちで守る。この地で住み続けたいという愛着を持っているからだ」と山本さん。約15年前からイノシシやシカ、アナグマなどによる水稲や原木シイタケなどの食害が出始めたが、現在はほとんど被害がない。山際に集落を囲う柵を設置した成果だ。

全長約10キロのうち、5キロはハマチやブリの養殖で使わなくなった漁網を再利用した。漁網は二重にし、植林や雑木も活用して2メートル間隔に支柱を立てる。高さは1・6～2メートルだ。地際をくぐられないよう、竹を利用したアンカーで固定する。

順調に育つブシュカンに笑顔だ。左から山本さん、原田さん、小野川専門員

13～14年度の休日を使い、集落の30戸全てが設置作業に参加した。

漁網は強度がある一方で重く、山の中まで担いで運ぶのは重労働だ。全戸が設置作業に関われるよう、女性や高齢者にも金具など軽いものを運んでもらうなど仕事を割り振った。15年度は国の事業を活用し、ロール式金網柵4・5キロを施工した。JA高知はたの小野川博友鳥獣被害対策専門員は「集落で団結し、獣害対策に成功した。大変な作業を成し遂げたことは、他の地域からも評価され、取り組みが広がっている」と話す。

柵の見回りは月1回、負担が少ないよう自宅と所有する農地の周囲を割り当てた。雑草が生えにくい日陰に柵を設置したものの、柵に倒れかかった木や引っかかった枝の除去は重要だ。特に台風後は重点的に見回る。林道などがあり、柵が途切れる場所は箱わなを設置するほか、くくりわなによる捕獲も行う。

地産品を都市部に売り込む

四万十市地域おこし協力隊員として、16年7月から大屋敷集落で活動する原田涼さん（28）は「集落内でイノシシやシカを全く見ていない。昔は車にぶつかる事故があったと聞いているが、信じられない」と話す。

獣害が少なくなると、水稲や野菜、原木シイタケなどの生産が活性化した。15年1月には、水稲共同防除と作業受託を担う大屋敷集落営農組合（道倉久組合長、68歳）を設立。同年8月には、8人が出資して大屋敷四万十のしずく生産者組合を組織し、山本さんが代表に就いた。生産者組合では米や野菜、山菜、川で取れるアユやウナギ、炭などの特産品を東京に売り込む〝地産外商〟に力を入れる。地域の生き残りをかけた取り組みだ。

漁網柵に引っかかる木の枝を取り除く道倉さん

山本さんは「若い人が移住するには、収入を得られる手段が必要になる。手遅れとなる前に体制づくりを行うことが責務だ」と話す。米を上回る収益が期待できる作物として、手間が掛からないニンニク栽培も始まり、6月から出荷。17年春には真空パックにしたタケノコ200キロも試験販売した。

四万十市農林水産課は「獣害対策を先進的に取り組んで結果を出し、他の模範となっている。これで、ようやくスタート地点に立てた。農業に力を入れ、移住者支援も行うなど中山間地域の活性化につなげてほしい」と期待する。

（2017年4月1週号　全国版）

みんなで守る　地域の暮らし⑹

環境整備でサルとすみ分け

山形県米沢市　三沢地区

山形県米沢市の三沢地区は、観光振興と連携させて雑草管理や森林整備などによる景観づくりを促進することで、サル害対策に有効な緩衝帯の機能維持にもつなげている。サルの隠れがとなりやすい雑木林を整備して自然観察や展望ができる公園を設け、河川敷の雑草管理でホタルやアジサイが観賞できるようにしている。前向きな地域づくり活動にサル害対策を組み込むことで、協力者を得やすいのが利点だ。駆除や追い払いとは別の、人とサルの居住環境の境界線を明確化した共存型の対策といえそうだ。

三沢地区では、住民や行政、大学などで組織する三沢・田沢地区猿害対策協議会が2015年に対策実施計画を策定。モデル地域である小野川区域は150戸500人ほどが暮らし、中心部に温泉街、森林に隣接した場所は野菜などを栽培する小規模な畑が点在する。

小野川区域の自治会長を務める吾妻静夫さん（66）は「畑にサルが出ると被害は大きく、農業をやめる人もいる。温泉街でも少しずつ出没が多くなっていた」と話す。町内会では実施計画に基づき、サルが侵入しにくい環境整備などを行い発生数を徐々に減少させている。

遊歩道などで人の往来増やす

実施計画では、民家から5～10メートル以内の林縁で

「秋になれば紅葉が見える。来た人に景色を味わってもらいたい」と公園を歩く吾妻さん

の草刈りや枝切り、サルの隠れ場所となりやすい管理の不十分な空き地の整備などを推奨し、環境整備を基本にした対策指針を示す。

雑草や木が茂り利用されていなかった温泉街の裏手にある公園は、県の森林整備を対象とする補助事業を活用して、雑木を伐採し桜を植栽。町内会では、伐採したクリの木材を使い、温泉街から公園への傾斜地を登る階段を設置した。登りながら花見や紅葉狩りができ、公園からは街が一望できる。吾妻さんは「住民にサル害対策をしようとは話していない。地域をきれいにして人に来てもらう活動が、結果的に人とサルのすみ分けを明確にする」と話す。

雑草に覆われていた河川敷も、町内会で行う年2回の草刈りによって、植栽したアジサイが見えるようになり、夏になれば川の周辺に生息するホタルの観察もできる。さらに17年は、道路に面した林地の間伐なども行う予定だ。

観光促進で相乗効果も

実施計画には、景観など魅力ある地点を地域に点在させて住民や観光客に散策してもらい、サルが人間の存在を感じるようにすることで侵入を抑える手法も示されている。

地元の有志による米沢昆虫ロマンの会は、清水山公園や河川敷、山際にあるビオトープなど、昆虫採集や自然観察などができる散策ルートを提案する「昆虫と花のマップ」を作成。案内人を務める数間勝司さん（67）は「人が頻繁に通ればサルもなかなか出てこない。自然や生きものは、自分たち次第でいろんな関わりができるはず」と話す。

「自然環境に人が手をかけることも大切」と数間さん

策定前に見回り調査でサルの隠れ場所や放任果樹などをマップ化し、さらに目撃情報からサルの侵入経路や被害実態もまとめて対策の基本情報とした。

計画の策定で協力した山形大学・東北創生研究所の村松真准教授は「電気柵などは最後の手段で、まずは環境整備が基本。小野川区域は景観整備に住民の参加も積極的だ」と説明する。「景観が良くなれば観光の促進になり、人が多く来ればサルもますます来れない。両方に相乗効果がある」と話す。

協議会で事務局を務める米沢市農林課は「獣害対策は獣だけでなく人に目を向けることも大切。住民が意欲を持って暮らすこと自体が地域ごとの工夫を生み、少しずつ獣害を減らしていく」と説明する。

（2017年5月3週号　全国版）

住民が計画的に柵設置

岡山県勝央町
福吉村づくり協議会

岡山県北部の中山間地域・勝央町《しょうおうちょう》の福吉地区では、25人からなる「福吉村づくり協議会」を中心に全長6キロを超える害獣侵入防止柵を設置。地域ぐるみで獣害対策に乗り出した。

福吉地区では例年、獣害が多く、近年ではイノシシだけでなくシカも出没するようになったため被害が拡大。住民を悩ませていた。個人の対策では限界があり、地域の総会で個人負担があっても対策をとるべきだという強い要望も出たため、集落が一体となった侵入防止柵の設置を計画した。

２０１３年から防止柵のルートや距離、設置施工図や必要な資材を入念に計画するとともに、各種補助事業を調べ、勝央町の支援事業に申請。鳥獣被害防止総合対策交付金として、資材費相当分の補助を受けることができた。

作業は10日ほどの期間で行われ、まず地域住民50人を4班に分け、草刈りやトタンの設置を手分けして行った。その後、工程を分け、支柱立てとワイヤメッシュの設置を順々に行い、15年3月に全工程を終了。防止柵と草刈りはシンプルだが効果を発揮し、以前までよく見られたイノシシなどの足跡が見られなくなったという。また、電気柵と違って通電する必要がないため常時安定した効果が期待でき、保守・点検の手間も少ないというメリットもある。

侵入防止柵について説明する大谷さん

【図3－1】　鳥獣侵入防止柵設置施工図

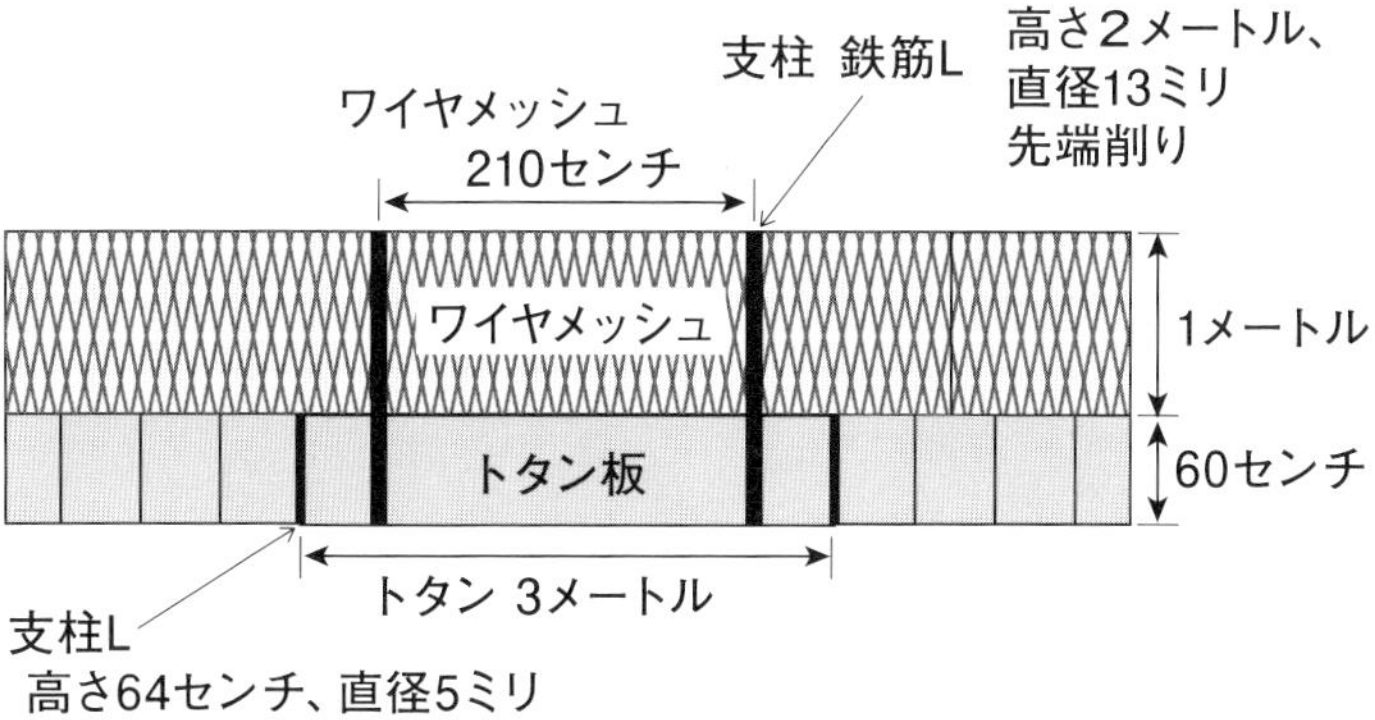

福吉村づくり協議会の副会長・大谷康彦さん（68）は「自分たちで作業し、手間をかけた分、今後の草刈り作業などの管理もしっかりできる。行政のサポートを受けることができたが、やはり自分たちの力で自分たちの問題を解決するということが大事だと思う。獣害対策を成功させることで気持ちが前向きとなり、意欲をもって農業に励んでいただきたい」と話す。

　また大谷さんは「今回のことは、みんなで力を合わせ一つのことを成し遂げるという成功事例としたい。今後は、より結束を高めて地域おこしなどに取り組み、地元を活性化させていきたい」と将来の展望について話す。

（2015年4月4週号　中国版）

みんなで守る　地域の暮らし（8）

金網柵＋緩衝帯で効果

兵庫県加西市　下若井町

「獣害対策には金網柵だけでなく、集落と里山の間の見通しの良さが重要」と話すのは、兵庫県加西市下若井町の区長・柴本泰徳さん（61）。シカ対策として、山裾に沿って高さ約2メートル、総延長約10・6キロの金網柵（防護柵）を2カ年計画で設置している。

同町は市北西部の人口約450人の集落で、山林に面している農地が多い。これまでは農家ごとに電気柵などの対策を行っていたが、シカやイノシシが農地に侵入し、水稲や野菜に被害が発生していた。

金網柵は、2014年3月に完成した。この対策の経費は国の補助金が活用され、地域住民が総出で設置場所までの資材運搬や設置作業を行った。

柴本さんは「野生動物が侵入しやすい水路部分にも通り抜けできないよう柵を設置しているが、台風などの大雨による増水で流れてくる枯れ草などが金網柵にたまり、水路から雨水があふれないようにしなければならない。獣害対策だけではなく、水害対策なども考えなければならないので難しい」と苦労を話す。

設置後は各ため池の受益地ごとに担当範囲を決めて、こまめに点検を行い、不具合があれば速やかに補修して効果を維持している。さらに、里山の森林整備と併せ、山裾に沿って設置している金網柵の山側を平均幅約30メートル、総延長約680メートルを帯状に間伐したことで、集落側からも山側からも見通しが良くなった。

この整備作業を通じて、住民の獣害対策に取り組む意識が高まり、有志約10人が積極的に整備範囲の拡張に取り組んだ。「獣害対策を進める中で、有志の熱心な取り組みが心強い」と柴本さんは感謝する。

「帯状に間伐することで見通しが良い」と話す柴本さん。金網柵の山側を整備し、緩衝帯にしている

水路部分も金網柵で防ぐ

整備のために人が里山に入り、金網柵を設置したことに加え、里山と集落の間の見通しを良くしたことが緩衝帯として機能している。人と野生動物が互いに見えるようになったことですみ分けが進み、集落へのシカの出没が減った。

今後は、有志8人で構成する「ふるさとの森保全の会」が中心となり、3カ年計画で金網柵付近の竹林などを伐採して、防災対策や景観形成の整備も行う予定だ。柴本さんは「金網柵とほかの対策を組み合わせることで、獣害対策の効果を高めて維持していくことが大切」と話す。

（2015年6月2週号　兵庫版）

みんなで守る　地域の暮らし（9）

フェンスでシカ害阻止

宮崎県えびの市　高野地区

宮崎県えびの市北部に位置する高野地区では、年間を通して獣害に頭を悩ませていた。特に、家畜の粗飼料栽培に大きな影響を与えていた。そこで、高野自治会とえびの市鳥獣害対策協議会がタッグを組んで取り組んだ侵入防止柵の設置が大きな成果を上げている。

高野地区は標高720メートルに位置し、多くの畜産農家や企業が家畜を飼養している。「シカは50頭から60頭の群れで行動し、人間を怖がる様子もない。地域住民も困っていた」と話すのは、同地区の吹上和也さん（62）。10年ほど前から頭数が増え始め、車との接触事故も多発している。また、栽培中の粗飼料にも被害を与え、収穫量が減っていたという。

シカは発芽したばかりの芽を食べるため、粗飼料となる草が育たない。イノシシはミミズを狙って地面を掘り返すため、草の成長を妨げてしまう。電気柵を使って被害防止に努めていたが、思ったような成果が得られずにいた。

自治会・協議会が結束

当時、自治会長だった吹上さんは「県外で侵入防止柵を設置し被害を防いでいる地域があることを知り、地元の農家数人で、えびの市鳥獣害対策協議会に相談した」と話す。これがきっかけとなり、協議会と連携を図りながら合同で対策を練ることになった。

その後、自治会を挙げて対策に乗り出すことになる。同協議会は防止方法として、交付金の申請なども視野に入れながら、侵入防止柵を設置することに決定した。事業費は、国の鳥獣被害防止総合対策交付金を利用して資材を購入し、柵を設置することになった。地区全体をフェンスで囲う案もあったが、道路事情を考慮し、圃場ごとにブロック分けし設置することになった。

道路沿いに設置した侵入防止柵と吹上さん

農作業時は開閉用の扉から出入りする

フェンスは幅2メートル、高さ2メートル20センチのものを使用。90センチのくいを地面に半分刺し、2メートルの支柱をつなげフェンスを固定していく。同協議会の担当者は「予算の関係で、全て設置するには数年かかる見込みだったが、予算増額に伴い短期間での設置が可能になった」と話す。

吹上さんは「準備したフェンスは、延べ25キロ分。それを支柱で固定していく作業はすごく大変で、協力し合いながら設置した」と当時を振り返る。「設置から1年数カ月たつが、粗飼料の収穫量が以前の2倍近くになった」と笑顔で話す。鳥獣被害対策推進モデル集落に指定され、現地講習会なども行っている。

今後の課題について「降雪や倒木によりフェンスが傾くなど損傷を受けることがある。そこからシカやイノシシが侵入する場合があるので、メンテナンスや見回りもしていかなくてはいけない」と力強く話す。

（2016年7月3週号　宮崎版）

住民一丸でサル追い払い

島根県江津市　上北集落

２０１５年から集落ぐるみでサル被害対策に取り組む島根県江津市波積町上北集落（16戸、38人）。サル被害に対抗するため、根気よく被害防止に取り組む体制をつくり、徹底した対策が効果を上げている。

現在の主な対策は、女性３人を含む10人を中心に行う、ロケット花火での徹底的な追い払いだ。サルを目撃すると、ロケット花火で追い払うと同時に周辺住民へ連絡し、協力して追い払う。

山の反対側の集落へ逃げることも考慮し、集落を越えて出没情報を共有する。新聞に住民提供のサル出没情報を折り込み、さまざまな媒体で情報を提供。被害発生箇所や出没箇所を地図に落とし、集落全体での把握にも努める。

同集落で率先して対策に取り組む壱岐和功さん（68）は「今では、ロケット花火の音がすると、どこでサルが出たのかと、すぐに住民から連絡が来る。下手に試し打ちもできない」と、サル対策に対する意識の高まりを実感する。

壱岐さんは、集落を回り、サルが狙う農作物や、取り残された果樹などの点検を行い注意喚起する。電気柵の設置を進めながら、サルの餌場をなくす努力もしている。

「サル対策は、個人ではなく集落ぐるみで実施することが重要」と、島根県西部農林振興センターの鳥獣専門指導員。「上北集落は、サルの被害を何とかしたいという

自作のホルダーでロケット花火を扱う壱岐さん。
ロケット花火の効果は絶大だ

住民の思いを壱岐さんがまとめ、一人一人がサル対策に積極的になったことが成功の秘訣」と評価する。

1年前には毎日のように出没していたサルが、今では20～30日に一度の間隔に減った。今後は、周辺地域への取り組みの拡大と協力が課題となる。

（2016年8月2週号　中国版）

みんなで守る　地域の暮らし⑾

地図アプリで情報共有

島根県益田市　二条里づくりの会

島根県益田市二条地区の地域自治組織「二条里づくりの会」（品川勝典会長）では、2016年から、地域住民から寄せられた鳥獣被害申告や有害鳥獣の目撃情報などを地図アプリに入力し「二条地区鳥獣マップ」を作成。益田市と連携し、ICT（情報通信技術）を利用したこの取り組みが、今後も効果的な鳥獣被害対策となるか期待される。

中山間地域の同地区は、イノシシやクマ、サルなどの野生動物が農作物を荒らすだけでなく、住民の生活に不安を与える存在になっている。

そこで同会では、猟友会関係者だけでなく、住民向けに鳥獣被害対策についての勉強会を定期的に開催。野生動物の生態系や被害防除対策、目撃情報の連絡体制の構築など、地域ぐるみで活動してきた。

今までは、被害情報などを地図に手書きで落としていたが、16年から地図アプリを活用した「二条地区鳥獣マップ」を作成。現在、住民から寄せられた約300件の情報が地図上に表示され、パソコンなどの情報端末でリアルタイムに閲覧できるようになった。アカウントを取得した会員や市役所職員、公民館職員など、約10人が利用している。

事務局長で、情報入力を担当する二条地区振興センターの豊田実センター長(64)は「例年になくサルやクマの出没情報が多くなっている」と分析。地図情報は同センターが出力して、猟友会会員が多く在籍する同会の「くらし部会鳥獣被害防除隊」へ随時報告している。

「情報を分析することでより効果的に出動でき、未然防止にもつながる」と話すのは、防除隊の竹田尚則さん（52）。公民館と情報を共有し「生ごみの早期始末など、防災無線を利用して事前に住民へ注意喚起もできた」と効果を実感する。

同アプリは、要望があれば他地区でも導入は可能だが、益田市役所林業水産課は「地図アプリができても住民からの情報がないと成立しない。二条地区は、地域での勉強会や、直接顔を会わせるコミュニケーションがあったからこそ」と振り返る。

アプリの活用で、被害の多い集落は防除意識が高く被害が軽減したが、未活用の集落では依然として被害が多く、今後は、地区全体に防除意識を根付かせることが課題となる。

（2017年4月1週号　島根版）

情報を入力する事務局の豊田さん（右）、谷本のぞみさん

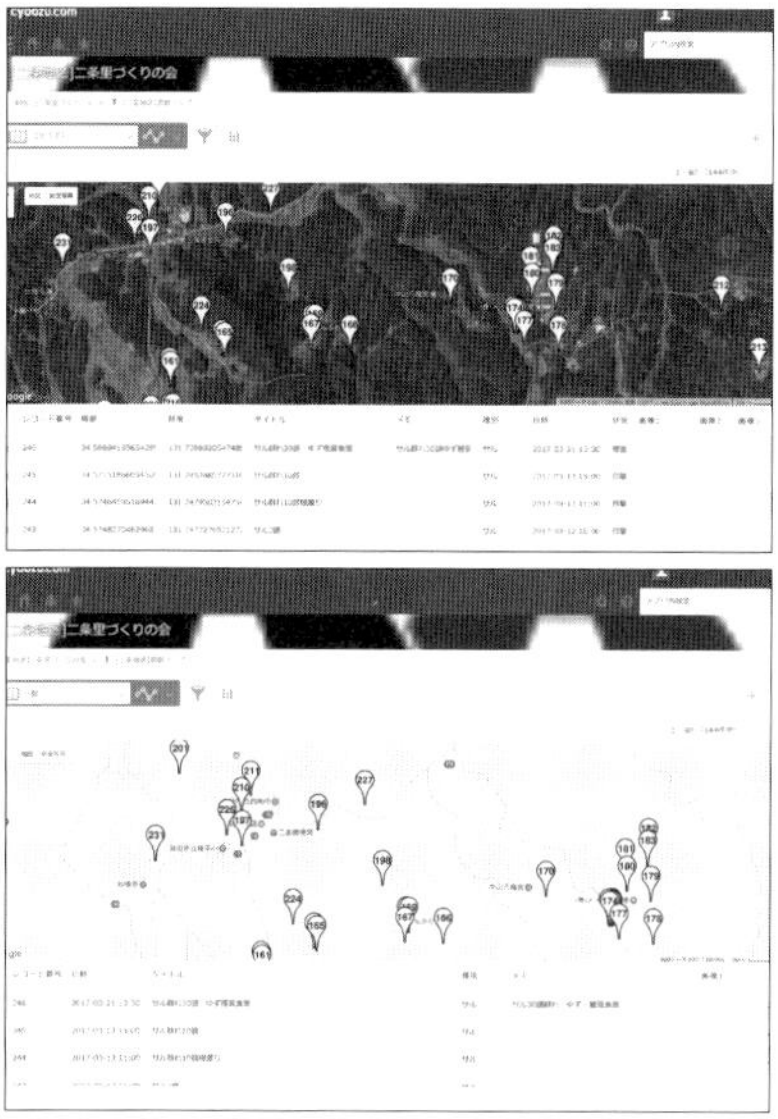

地図アプリを使った「二条地区鳥獣マップ」。報告が寄せられた地点がマーキングされ、獣種ごとに打ち出すこともできる

若手が課題〝見える化〟

長崎県雲仙市

長崎県雲仙《うんぜん》市では、わな猟免許を持つ若手農家4人を鳥獣対策民間実施隊に任命する。力を入れるのは、設置から数年が経過した電気柵やワイヤメッシュ柵を地域住民や行政と一緒に見回る「集落環境点検」だ。課題や防護の弱点を洗い出し、白地図に書き込んで〝見える化〟した資料などをもとに座談会を開いて地域の農家と対策を話し合う。民間実施隊の金澤宏さん(27)は「わなを仕掛けてもイノシシがかからないことも多い。捕獲より侵入させない防護が大切」と話す。緩衝帯の整備や箱わなによる捕獲などの対策も組み合わせ、市の農作物被害額を大幅に減少する効果が上がっている。

民間実施隊のメンバーは金澤さんのほか元村孝太郎さん(30)、笹田康太さん(28)、甲斐辰秀さん(25)ら。いずれも雲仙市小浜町でジャガイモや水稲、野菜などを生産する若手農業者だ。

集落環境点検では航空写真と白地図を用意し、地域の農家と一緒に防護柵の周りを一周する。柵の種類と設置ルート、イノシシの掘り返しや足跡、柵を押した形跡、収穫残さ、放任果樹、通り道や隠れ場所となる近隣の耕作放棄地や竹林、やぶ、わなの設置場所――などを確認して、地図に書き込む。電気柵は漏電箇所を確認する。

点検には行政の担当者も同行する。市農林水産課は「柵は設置して管理を怠ると効果は落ちる。下草刈りや破損箇所の点検補修などメンテナンスが重要だ」と強調する。

点検を終えた夕方、地区の農家ら20人ほどを公民館などに集めて集落座談会を開催する。点検の際に撮影した

麦の圃場に設置したワイヤメッシュを点検する民間実施隊。左から金澤さん、笹田さん、甲斐さん、元村さん

写真をプロジェクターで投影し、民間実施隊が説明。大きな白地図を机に広げて、プリントアウトした写真や問題点を書いた付箋を貼り付けていく。作り上げた地図は公民館などに掲示し、地域での情報共有に活用する。

なぜ下草が電気柵に触れているのか、なぜここに収穫残さがあるのかなどを住民主体で話し合い、民間実施隊や行政も参加して解決策を検討する。その上で、「柵の点検と管理を月に1回行う」といった地域の対策を「鳥獣被害改善計画書」にまとめる。

同市農林水産課は「行政からの話は単なる指導と受け取られ、対策も行政任せという意識になりがち。民間実施隊が農家目線で話し、課題を話し合って、主体的に対策に取り組んでもらえる」としている。

課題から改善を検討

「民間実施隊や行政と机を囲んで、自分たちだけでは出てこない発想が得られた。堅苦しくなく話ができた」と話す下峰板ノ迫地区の長濱重政さん（43）。地区では2014年11月、水稲やタマネギを守る柵の集落環境点

検を実施した。ワイヤメッシュ柵の近くに高さ2メートルほどの石垣があり、イノシシが柵を跳び越えやすくなっている点などが指摘された。

集落環境点検で見つかった課題点などを地図に書き込んで共有する

点検結果を生かしてワイヤメッシュ柵を設置し直し、石垣との間隔を広げた。また、防草シートを敷設して雑草管理の手間を軽減する改善を行った。民間実施隊の金澤さんは「同じ農家同士、目的は同じ。ほかの集落をまわって勉強になることも多い。知り合いが増え、道を歩いていると声を掛けてもらえるようになった」と笑顔を見せる。

被害額が8割以上減少

雲仙市ではイノシシ被害が深刻化し、06年度には5980万円の農作物被害が生じた。市は、09年から被害対策を指導する職員の育成に取り組み、11年に職員を中心とした鳥獣対策実施隊を組織。12年には民間実施隊を任命した。実施隊の活動や防護柵の整備などが進み、13年度の被害額は870万円に減少した。

雲仙市鳥獣被害対策実施隊は、14年度鳥獣被害対策優良活動表彰・農林水産大臣賞を受賞した。

（2015年3月1週号　全国版）

若手・女性の活躍（2）

猟師と集落の連携広がる

岐阜県郡上市　猪鹿庁

森林地帯が9割を占める岐阜県郡上《ぐじょう》市では、集落ぐるみの獣害対策に若手猟師たちが一役買っている。16人で組織する里山保全組織・猪鹿庁《いのしかちょう》は、「守り、捕獲できる集落倍増」を目標に掲げ、イノシシやシカなどから農作物被害を防ぐ侵入防止柵の設置方法や捕獲方法を10集落でアドバイスしている。住民の狩猟免許取得を支援し、わなを管理してもらい、危険が伴う止め刺しは猪鹿庁が実施。捕獲奨励金は集落に、捕獲した獣は猪鹿庁が引き取り、適切に食肉処理したジビエを販売する。里山の生態系保全に努めながら、安心して暮らせる地域づくりを支援している。

「体が動くうちは米を作りたい。農作物被害は確実に減っている。猪鹿庁に助けてもらったおかげだ」と、水稲60アールを栽培する郡上市八幡町洲河《すごう》の笹原勲さん（78）は笑顔だ。

洲河集落には27戸が住み、住民の平均年齢は70歳を超える。猪鹿庁長官の興膳健太さん（34）と出会った2012年から連携して本格的な獣害対策に乗り出した。笹原さんを含む2人が新規にわな猟免許を取得。5人が補助者となり、箱わなの見回りなどを手伝う体制を構築した。箱わな7基を設置し、これまでシカ33頭とイノシシ2頭を捕獲した。

ただ、獣の止め刺しは危険が伴う上、精神的な負担も大きい。そこで捕獲時は、連絡を受けた猪鹿庁メンバーが駆け付け、その場で止め刺しと血抜きを行い、解体処理施設に運ぶ。食肉処理までの作業を一貫して行うことで、猪鹿庁も良質なジビエを低コストで確保できる利点がある。

獣害対策の基本となる侵入防止柵の整備は、山際と川沿いの全長4キロにも及ぶ。高さ1メートルのワイヤメッシュ柵（目合い15センチ）上部に18センチ間隔で電牧線5本を張り、中央3本は通電させる。それでもシカが道路を歩いて侵入するほか、サルがワイヤメッシュの網目をくぐり抜けるなど完全に被害は防げず、ビニールの代わりにネットを掛けたパイプハウスで野菜を栽培するなどが強いられている。

住民のやる気引き出す

主に30代の猟師などで組織する猪鹿庁は、狩猟技術を高める「捜査一課」や解体処理技術を普及する「衛生管理課」など6部署で構成。狩猟学校を開催するほか、獣害対策を支援する4団体で組織する「ふるさとけものネットワーク」の事務局を務める。

興膳さんは「行政や猟友会を頼る前に、獣害に困る農家自身で対策することが基本だ。ただ、どうしていいかわからない人も多い。自分たちで考えてもらい、わからないときは支援する」と強調する。相談を受けた集落に対しては、住民のやる気を高めながら獣害対策を進めている。

まず住民を集めて獣害の愚痴を聞き、一人でも多くの人が獣害対策に参加するよう呼び掛ける。その上で、次回の会合では岐阜大学などから研究者を招き、加害獣の生態を学ぶ。その当日は必ず懇親会を開き、獣害対策への気運を高め、住民の結束を強めることが重要という。

理想の集落　地図に描く

活動の第一歩は、住民が獣害の現状を把握する「集落環境診断」だ。住民と猪鹿庁メンバーが山際などを歩き、獣の餌となる柿の木や耕作放棄地の位置、柵の設置状況などを確認して1枚の地図にまとめる。さらに住民が理想の獣害対策を話し合い、別の地図に書き込む。あとは優先順位を付け、いつまでに実施するかを決める。

「自ら描いた理想の集落を想像させ、わくわくしてもらいながら実践してもらう。ただ活動には資金も必要になる。行政からは今、活用できる補助金を説明してもらう」と興膳さん。実際の作業は集落に任せ、３カ月から半年後に検証する。その際、集落内で得られたジビエをバーベキューで振る舞い、成果を分かち合うと、継続への意欲が高まるという。

郡上市農林水産部は「猟師の高齢化が進む中、若い猟師たちが住民のやる気を高めながら、一緒になって獣害対策に取り組んでいる。洲河は市のモデル集落の一つだ。行政でも、地域ぐるみの取り組みを継続して支援したい」と評価する。

箱わなの近くでシカの足跡を確認し、方針を確認する興膳さん（左）と笹原さん

川沿いにも侵入防止柵を設置

都市部の若者呼び込め

猪鹿庁の支援は10集落まで拡大する一方、猟師の後継者育成が大きな課題として残る。75歳でわな猟免許を取得した笹原さんは「未経験者が狩猟免許を取得して、捕獲し殺生するのはハードルが高い。家族の理解も必要だ」と説明する。

そこで17年秋からの開始を目指す企画が「求人クラウド猟師（ハンター）」だ。都市部では若者を中心に狩猟ブームが高まる一方、狩猟場所がないという。そこで都市部の猟師と獣害に悩む集落を結びつける。興膳さんは「地元だけでは立ちゆかない。狩猟をきっかけに都市部の若者を送り込み、交流を深めれば、獣害対策にもつながるのでは」と話す。

（２０１７年5月1週号　全国版）

若手・女性の活躍(3)

女性が学び家庭で実践

広島県三次市　石原ひまわり会

「これからの獣害対策は、女性が考え方を生かし、活躍するのが大切」と広島県三次《みよし》市君田町の河内明美さん(61)。集落の女性を中心に獣害対策の一環として結成された石原ひまわり会で代表を務める。県が設けた展示圃で共同作業して野菜を育てながら、イノシシの侵入防止や掘り返し対策などの技術を学び、各家庭へ持ち帰って効果を上げている。活動をきっかけに、女性が獣害対策や農作業に積極的に関わるようになり、集落全体に活気を生んでいる。女性たちが集まることで、野菜の直売や加工品作りなど今後の構想も広がってきた。

石原ひまわり会は計8アールでタマネギやナス、トウモロコシなど年間15品目ほどを栽培し、JA三次の直売所へ出荷する。メンバーは60～80代の女性11人と男性4人で、力仕事が必要な場面で男性に手伝ってもらっている。定年退職後に農作業に参加した人なども多く、専業農家の河内さんが栽培方法なども教えながら作業する。

河内さんは「みんな獣害対策にも興味がある。こうやって集まれば、作業しながら相談もできる」と話す。月2回以上は集まって畑で作業するように心掛けている。河内さんは、週3回の出荷日に合わせて分担表や出荷の注意事項などを手書きで作成し、メンバーに送っている。

畑は林に囲まれ、イノシシなどが通る獣道に面する。獣害対策について農研機構・西日本農業研究センターや県などから技術指導を受け、複数の対策を組み合わせて導入。畑を囲む太陽光発電機付き電気柵は女性でも設置しやすいよう、支柱に軽量な弾性ポールを使う工夫をした。支柱の下にはマルチを敷いて抑草し、漏電防止のための草刈りの労力を軽減している。

「柵だけじゃなく、獣に〝ここにおいしいものはない〟ってちゃんと示すことが大事」と河内さん。刈り草や残さは電気柵で囲んだ置き場を設け、餌場にならないようにする。農道寄りにはトウガラシなど獣害を受けにくい品目を植え、定植位置は電気柵から30センチ以上の距離を置く。

設置手順などを覚えたメンバーは、家族に話して自宅でも栽培条件に合わせて導入している。林昌子さん（70）は果菜類の支柱の周りに網を張る鳥害対策を覚え、自宅で実践。「みんなで学んできたことなら自信を持って話せる。今までお父さんに任せっきりだった農業も自分の意見が言えるようになった」と話す。活動を始めてから、メンバーの一部が、集落を囲む恒久柵の点検や草刈りなど男性中心だった作業にも率先して参加するようになってきたという。

乾燥させた竹で畝を囲みイノシシの掘り返しを防ぐ「竹マルチ」を設置

交流が地域活性化の原動力

中山間地域にある石原集落では、石原集落協定組合が集落ぐるみで恒久柵の管理や箱わなによる有害獣の捕獲などを行う。石原ひまわり会は協定組合の女性部だ。集落内は依然、農作業への参加は男性中心で、地域の役員も男性が占める。協定組合の代表を務める牧原誠さん（63）は「女性たちで頻繁に集まって交流している。高齢化が進んでいるから、みんなでにぎやかにすることが地域の維持につながる」と話す。

刈り草や残さは電気柵で囲った置き場に集める

「みんな集まれば、ああしようや、こうしようやって夢が広がる」と河内さん。女性による獣害対策の先進地として視察で訪れた島根県美郷町では、手作りの小屋に野菜を持ち寄って産直市場を開き、出荷する農家が交流する姿を見た。将来、石原集落にもそんな市場を設けるのが夢だという。

石原集落は県の獣害対策のモデル地区に選ばれている。２０１６年は県内で女性限定の獣害対策講習会などを開催し、河内さんが講演した。県北部農業技術指導所は「獣害への守りが薄くなりやすい家庭菜園などは、お母さんが担当することが多い。女性が動けば男性も意識が変わる」と説明する。県内では、庄原市でも女性グループによる獣害対策が計画されるようになるなど、取り組みは広がっている。

（２０１７年７月１週号　全国版）

若手・女性の活躍（4）

地域期待の女性ハンター

鳥取県大山町　池田幸恵さん

鳥取県大山町《だいせんちょう》で女性初の狩猟免許を取得した池田幸恵さん(44)。徳島県から大山町に移住後、地域自主組織事業に積極的に参加し地域振興に取り組むほか、猟友会「西部地区中山校区」のメンバーとして害獣駆除に力を注いでいる。

徳島県から大山町に嫁いだ池田さん。「一晩で収穫前の田畑を荒らされた」とイノシシなどによる被害がたくさんあり、イノシシと遭遇することさえ日常化していることを知った。

大山スキーパトロール隊員としても活躍している池田さん。近くの猟友会のメンバーが高齢のため辞めると聞き、「自分にできることはないだろうか。狩猟免許はどうしたら取れるのだろうか」と話していたという。このことを聞いた猟友会中山校区の高見秀雄会長が池田さんに「イノシシの解体をするから見に来ないか」と声を掛けたことがきっかけで、大山町女性ハンター第1号と

「イノシシと知恵比べです」とわなの手入れをする池田さん

なった。
「イノシシの解体を見ても物おじせず興味を示し、すごい女性だ、素質があると感じた」と高見会長は第一印象を話す。

高見会長の指導の下、わなは足跡の新しいけもの道で、近くに餌場の畑や作物があることを確認してから仕掛けることを学んだ。また、わなに掛かったイノシシを鉄砲でしとめるときは、イノシシより高い場所で構え、跳び掛かってこない安全な場所を選ぶことも大切だと知ったという。

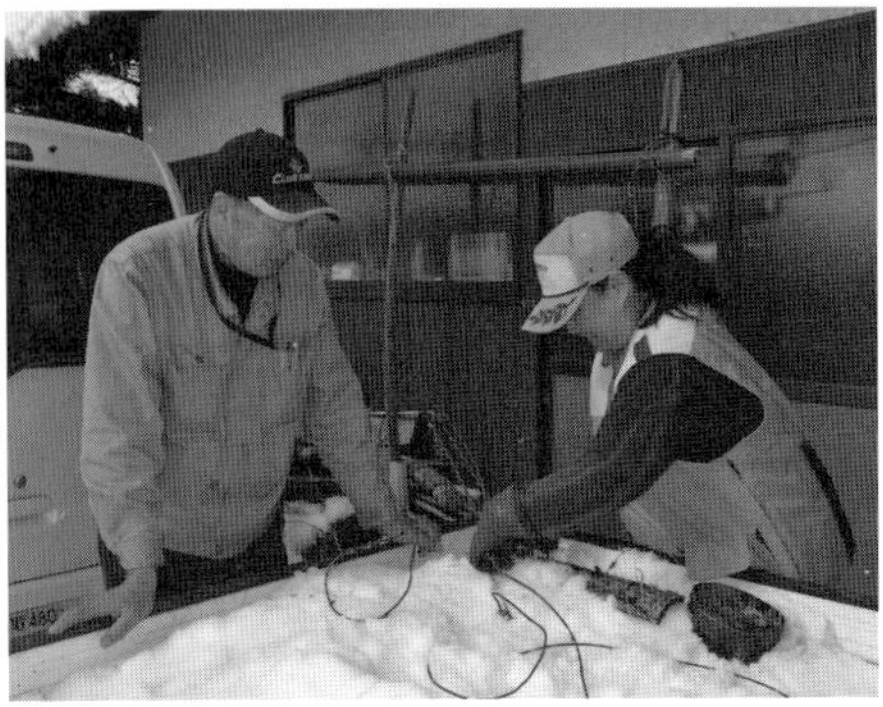
「後輩の育成が急務」と池田さんの指導にあたる高見会長

「目と目が合う一瞬に撃つ。ちゅうちょしていたら、こちらがけがをする。とても緊張するし、山に入り怖いと思うことは多い」と池田さん。また、「被害に遭った人と連携し、場所を把握することが重要。そのため、被害に遭った人は役場に申告してほしい」と呼びかける。

高見会長は「度胸がある。解体も手早い」と称賛。「池田さんが狩猟に関わってから、女性や若い人が狩猟やジビエに興味を示してくれ、女性ハンター池田さんの影響は大きい」と喜ぶ。

池田さんは「鳥取県ハンター養成スクール」にも参加している。これは2016年度から県主催で行われているもので、ベテランの狩猟者から捕獲技術などを学べ、獣害対策をする即戦力を育成するというものだ。スクールに参加することで、技量が上がり、同じ目的を持つ仲間もできたという。

今後は、「命を無駄にしないため、害獣をおいしく食べられることを広めたい」と、ファンを増やし地産地消に一役買うため、解体場の建設のほか、獣肉の提供ができる施設、さまざまな料理法の考案など模索中だ。
「狩猟しない限りイノシシの被害は終わらない。捕獲しなくなったらイノシシは増える」。獣害の低減に向け、池田さんのハンターとしての活躍が期待されている。

（2017年2月1週号　鳥取版）

自治体が人材育成(1)

市民講座でリーダー養成

福井県鯖江市

「山際を手入れすることで、獣の隠れる場所がなくなり、光が入ることによって山際本来の機能がよみがえる」と話すのは、福井県鯖江市の「鳥獣害のない里づくり推進センター」の所長を務める中田都さん。

同市では、鳥獣害のない里づくりを目指して、2012年に「人と生きもののふるさとづくりマスタープラン」を策定した。これは、「野生鳥獣と人との共存」「鳥獣被害対策を通じた活力ある地域づくり」の二つを基本理念としていて、市民参加型となっている。

鳥獣害のない里づくり推進センターでは、市民の中から被害対策に取り組むリーダーを養成することを目的に、講座「さばえのけものアカデミー」を実施。4年間で受講者は268人となり、そのうち修了者は74人だ。

2年前から毎年受講しているという同市吉田町の佐々木健三さん(49)は、「受講して被害のひどさを再認識した」と話す。佐々木さんは山登りがきっかけで受講し、「私なりにできることは何か」と考えている。

佐々木さんほかリーダー4人と市職員は16年3月、「さばえのけもののリーダーハンドブック～フィールド調査版～」を作製した。鳥獣被害の状況などを調べるときに活用できるようにと作ったもので、14種の動物の顔、足跡、ふんなど多くの写真を掲載し、わかりやすい説明書きを付けている。Ａ１判で、縦折りにすると動物ごとの違い、横折りでは動物の特徴がわかるよう工夫されている。

４月末には市内の山で、ハンドブックを活用したモニターツアーを開催。参加者からは「おもしろい。今まで多くを見逃していたことがわかった。注意して確認しないといけない」と声が上がり、「リーダーとなる人が増えるきっかけとなってほしい」と佐々木さんは話す。

マスタープランは5年目の目標達成年度を迎え、「イノシシ対策を中心としてきたが、シカやサルの被害も想定しないといけない」と中田さんは話す。さらに「専門家へ被害調査を委託することも可能だが、一緒に調査してくれるリーダーなどのマンパワーが必要。地元の自然体験をするとともに息の長い活動が大切」と今後に期待をかける。

（２０１６年7月1週号　北陸版）

「『ハンドブックを持って現場に行くぞ！』が、合言葉になってほしい」と話す中田さん（左）と佐々木さん。アカデミー受講者に配布する予定

木に付いた爪痕や高さを、ハンドブックと照らし合わせながら動物を推定する

自治体が人材育成（2）

猟の技と知識を伝える

千葉県鋸南町

イノシシなどの獣害が千葉県内でも広がっていて、2015年産水稲では103・9ヘクタールに及ぶ被害が発生している（ちばNOSAI連農産課調べ）。被害が深刻な問題になっている中、千葉県鋸南町では狩猟エコツアーを開催して、獣害の現状を伝えるだけでなく、狩猟や捕獲した害獣を活用する農村の魅力を伝えている。

鋸南町では「イノシシによる現状を多くの方に知ってもらおう」と白石治和町長の提案で、「捕って、捌いて、食する」狩猟エコツアーを開催。ツアーでは、「捕る」「捌く」「食する」のテーマに分けて開催され、獣害と共生する町の姿を紹介する。

全国的にも先駆けとなるこのツアーは、千葉県三名山の一つ「鋸山《のこぎりやま》」の南に位置する鋸南町の新たな取り組みとして、多くの人に狩猟や有害鳥獣捕獲を通じた農村集落の魅力、狩猟の社会的役割、狩猟方法などを紹介。また、鳥獣被害対策の担い手を獲得するきっかけになればと開催されている。

15年、第1弾となる「けもの道トレッキング」を実施。定員数20人に対し、初回の11月には4倍、第2回の12月には11倍もの申し込みがあったという。「大勢の方に関心を寄せてもらい、参加申込者は獣に関係がありそうもない都会の人が多く、予想外な申し込み件数に驚いた」と町の企画担当者は話す。

ツアー当日、県内外から集まった参加者はイノシシの生態について「けもの講座」を受講した後、同町の横根ワナ組合メンバーの案内で入山し、険しく滑りやすいけもの道をたどり、イノシシ捕獲わなや監視カメラの設置状況を見回り、猟に関する技や知識を学んだ。参加した女子大生は「将来、わな猟や狩猟の免許を取りたくて参加した。山道を歩き、泥だらけになり大変だったが、狩猟に携わる現場の苦労話などを聞けて勉強になり良かった」と話す。

横根ワナ組合メンバーが箱わなについて参加者に説明

今後、第2弾として、イノシシ解体の講義と実演をする「解体ワークショップ」。また、第3弾として、レストランのシェフがジビエ料理の作り方を教える「ジビエ料理ワークショップ」を開催する予定だという。

（2016年1月4週号　千葉版）

自治体が人材育成（3）

「補助者制度」で成果

石川県金沢市

狩猟者の減少や高齢化が問題となる中、イノシシなどによる農作物被害は石川県内全域で深刻な問題となっている。地域ぐるみでの被害対策が重要である獣害に対し、2015年度から金沢市が県内初となる「補助者制度」を導入した。導入から1年、自衛的な被害対策強化や捕獲個体数増などの成果を見せている。

補助者制度は、わな猟免許を所持していない農家などを補助者として登録し、地域の捕獲体制の強化を図ることを目的としている。

補助者は年度ごとに行われる法令や技術などについての講習会を受講した者が登録され、わな猟免許を持つ捕獲隊員と連携してわなの見回りや餌の設置、通報を行う。金沢市内全体で15年度は117人の捕獲隊員と112人の補助者が活動。おり設置数は190基（14年度対比78基増）、捕獲個体数は522頭（14年度対比416頭増）となった（15年12月末時点）。

情報を共有し、こまめな管理

同市では、①鳥獣を近づけない環境整備、②電気柵等による農地・農作物の防護、③有害鳥獣の捕獲・駆除――の三つを組み合わせた総合的な獣害防止対策を基本としている。

これまでも、やぶの刈り払いによる緩衝帯の設置費用、侵入防止柵や捕獲おりの設置費用の補助などの支援を行っているが、設置後の見回りや駆除については、捕獲隊員に頼るところが多く、負担が集中していた。

市内山間部の23地域を担当する捕獲隊員の杉本秀夫さんは、担当地域で15年度は199頭駆除したという。特に捕獲個体数が増えた同市竹又町は、杉本さんに加え補助者4人が4基のおりを管理。2日に一度見回り、餌の補充など行い、おりの設置場所などについても、情報を共有し検討する。「こまめな管理で被害発生から捕獲までが迅速に行えるようになった。根気のいる捕獲活動だが、有志の補助員の熱心な取り組みが心強い」と杉本さんは感謝する。

【図 3-2】補助者制度導入前後の有害鳥獣捕獲までの流れ

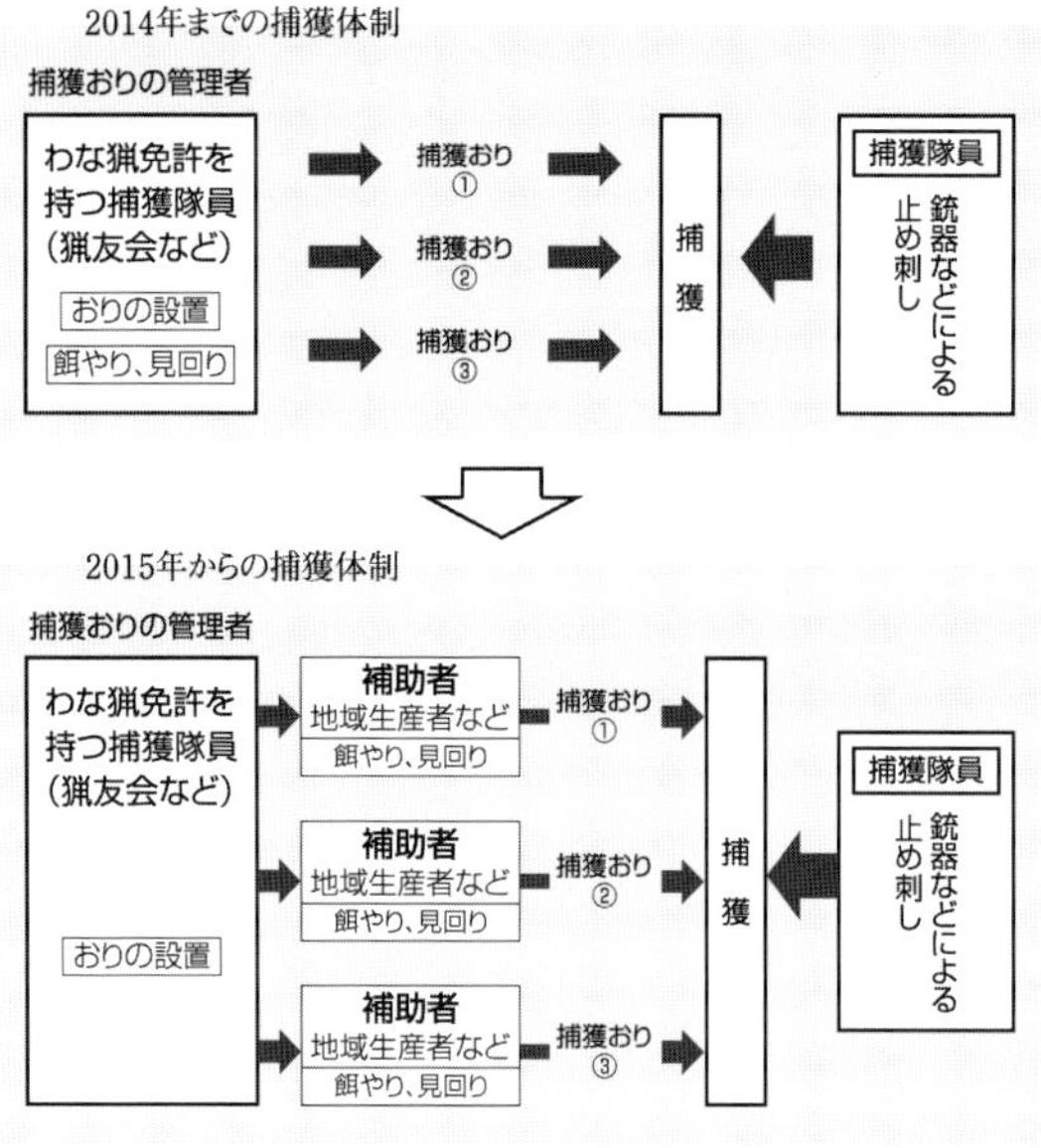

わなにかかったイノシシを駆除する竹又町班

同市農業振興課は「個体数が増えただけでなく、実際に参加することで住民の獣害対策に取り組む意識が高まり『誰かがしてくれる』から『自分たちで地域を守ろう』に変化した。地域に合った捕獲活動を工夫して行ってもらったことが捕獲個体数増につながっている」と話している。

高齢化が進む捕獲隊員の確保や、捕獲後の処理や回収作業の支援など新たな課題があり、市では住民や関係団体と一丸となり対策を続ける予定だ。

（2016年4月2週号　北陸版）

新たな視点(1)

子孫繁栄願う革カバー

島根県松江市　廣江昌晴さん

２０１５年の島根県の有害獣による農作物への被害額は、約６７００万円。このうち、イノシシによる被害が約８割を占めている。県では、イノシシの捕獲目標頭数を設定するなど、有害獣対策に力を入れているが、大部分が埋設処理および焼却処理され、ほとんど活用されていないのが現状だ。そんな中、県内で有害獣を「資源」とみなし、積極的に有効活用している取り組みを紹介する。

松江市東出雲町揖屋《いやまち》町でオーダー革製品の工房を経営する、廣江昌晴さん(47)。牛革や豚革のほかに、シカやイノシシなど、害獣を駆除した際に出る革を有効活用した革製品の企画、開発に取り組んでいる。

害獣を駆除することばかりではなく、資源として活用することが重要と考える廣江さん。イノシシは無病息災、子孫繁栄など、縁起が良い動物と知った廣江さんは、イ

「ぜひイノシシの革を触ってみてください」と手帳カバーを手に廣江さん

ノシシの革で母子手帳カバーの製作に乗り出した。

イノシシの革は、同市八雲町の猟師から譲り受け、県外の工場へなめし加工を依頼。廣江さんは「イノシシの革は硬いイメージだが、柔らかく軽くて丈夫」と話す。

義理の妹に母子手帳をプレゼントした顧客は「最初イノシシの革と聞きびっくりしたが、縁起が良いものなので製作をお願いした。義妹も喜んで使っています」と話し、評判も上々だ。

手帳以外の商品も計画中

イノシシの革は、イメージの低さから利用が進んでいないのが現状。通気性が良いという特徴を生かし、今後は靴なども製作して、販路を広げていきたいと夢を膨らませる。

廣江さんは「将来的には行政と連携して『島根ブランド』として製品を作り、地域の活性化につなげていきたい」と力強く話す。


（2016年11月1週号　島根版）

イノシシの革の母子手帳カバーは、縁起物としても人気

新たな視点(2)

食害少ないルバーブ栽培

神奈川県秦野市　上地区

シカによる獣害が問題となっている神奈川県秦野市上地区で、獣害の少ない農産物「ルバーブ」が注目されている。

地区営農推進協が振興作物で導入

ルバーブはシベリア南部原産の多年草で、リンゴに似た酸味がありビタミンCやカルシウム、食物繊維などを多く含み、フキのように葉の軸を食用にする。

2012年から上地区営農推進協議会が獣害の打開策としてルバーブを導入し、市内直売所などで販売している。現在は農業振興作物として約25軒で栽培されている。

上地区営農推進協議会の和田稔会長（62）は、バラ20アールを栽培する傍ら、ルバーブ約40株を生産し販売する。「シカに掘り起こされることはあるけど、葉にシュウ酸を含んでいるので食害には遭っていない」と話す。

3～4月ごろに播種し、有機質堆肥を与えて苗を作る。6～7月に定植した後の手間はあまりかからず、必要に応じて追肥する程度。葉柄が太くなる2年目の5月上旬から収穫可能で、成長したルバーブは株分けで増やすことができる。寒さに強い反面、暑さに弱く、株が腐ることもあるので寒冷紗などで真夏の直射日光を遮ることが必要だ。

「14年の出荷量は約17・6キロとまだまだ実験的な数字だが、食害を受けにくく栽培しやすいので生産数を増やしたい」と和田会長は期待を寄せる。

ルバーブを前に和田会長。草丈は約60センチ

販売時は基本的に説明書を添付している

一方、「困っているのは、ルバーブの知名度がまだ低いということ。加熱してジャムにすると緑色が薄茶色になるため、知らない人には抵抗があるようだ」と課題を挙げる。

タデ科のルバーブは酸味が非常に強く、砂糖で煮て食べるのが一般的で、乳製品と合わせるとおいしい。ほかにも肉料理のソースにするなど調理法はさまざまで、欧州では一般的な野菜だ。「都会の方が、まだ知られているようだ。調理器具会社の宣伝で使ってもらったこともあり、おいしいと知っている人には『手に入らないからぜひ売ってほしい』と言われる。地元の人にもルバーブを知ってもらうことが必要」と和田会長は話す。

今後はジャムに加工しても発色の良いレッド系のルバーブを増やしていく予定。ルバーブを食べたことがない人に向け、工夫して販売する計画だ。

（2015年5月4週号　山梨・神奈川版）

新たな視点(3)

イノシシの捕獲数倍増

石川県　一般社団法人石川県猟友会河北支部

一般社団法人石川県猟友会河北支部（辻森金市支部長＝64歳）は、山野を荒らすイノシシなどの捕獲に尽力している。「獣害対策には『自己防衛と攻撃』を組み合わせることが効果的」として、電気柵の設置で農産物の食害を防ぐ一方、山林や農道を保全する観点からも捕獲に対する要望が高まり、河北支部では2009年以降、津幡町から有害鳥獣の捕獲管理を委託されている。

河北支部が津幡町でイノシシ捕獲を実施した結果、14年度は193頭、15年度は416頭となった。「捕獲数が1年で倍増したのは、イノシシの個体数が増えたこともあるが、会員がイノシシの特性を熟知し、捕獲技術を向上させたことが大きな要因」と辻森さんは言う。

町内にイノシシ捕獲おりを100基設置し、モニターで監視している。特に重要な餌まきや見回りは支部メンバー全員で分担し、毎日、食べぐあいの把握と餌の補給を行っている。

「現場にいると、『猟友会の人に頑張ってイノシシ被害を防いでほしい』との声をよく聞く」という辻森さん。しかし、高齢化により狩猟者数は減少傾向にあり、将来の担い手を確保するため会員を増やすことが喫緊の課題としている。

環境省が主催する「狩猟の魅力まるわかりフォーラム」が、石川県で開かれた際には、レーザー銃による狩猟シミュレーション体験や、若手ハンターが体験談を話すなどアピールが功を奏して、県猟友会の会員数が60人から100人に増えた。県猟友会の会長も務める辻森さんは、「狩猟は、農林業の被害防止として社会貢献をしながら、猟をする楽しみやジビエを味わう食の楽しみなど魅力がいっぱい。ぜひ若い人にも興味をもってもらいたい」と入会を呼びかけている。

（2016年7月1週号　北陸版）

餌をまく会員の香月さん（右）と辻森さん。餌で入り口付近から徐々におりの奥へと導く

「後継者育成に力を入れている」と言う辻森さん。写真は、イノシシ2頭を捕獲したときの確認作業（2015年11月）

新たな視点（4）

歩行を阻害し侵入防ぐ

奈良県五條市
五條吉野土地改良区

奈良県五條吉野土地改良区（五條市）では、2016年8月ごろに鳥獣被害防止総合対策事業の一環として、イノシシやシカの侵入を防止するため、テキサスゲートグレーチングを五條吉野地区（全13団地）の保天山団地に設置した。

テキサスゲートグレーチングは、山口大学や滋賀県農業技術振興センターなどが共同研究開発したもの。スリップ防止など人間の歩行性や二・四輪車の走行性が配慮されている。

シカやイノシシが歩行困難な形状で、道路表面から深さ30センチ以上に掘り、その上部に敷設。道路延長方向に長さ4メートル以上で設けることなどにより、侵入を防ぐ。道路脇からの侵入を阻止するため、グレーチング設置部分の両端にはワイヤメッシュ柵も設置している。

保天山団地に設置されたテキサスゲートグレーチング

鳥獣被害が多発しているので防除してほしいとの依頼があり、15年9月ごろ、設置に向けて組合員と関係機関の調整を兼ねた検討を開始した。五條吉野土地改良区の仲山明良理事長は「新たに導入したテキサスゲートグレーチングによって被害が最小限に抑制できることを期待し、今後も引き続き関係機関との連携を深め、組合員からの要望に対応できるよう努めたい」と話す。

（2016年11月4週号　近畿版）

新たな視点（5）

おり落とし群れごと捕獲

福島県いわき市　松崎三男さん

「農家の方が一生懸命作る農作物を守りたいと思い、わな猟の免許を取得した」と話す福島県いわき市四倉町の松崎三男さん(79)は、自作の箱わなを使ってイノシシを捕獲している。2016年は市内の3カ所に箱わなを設置し、年間約100頭の成果を挙げ、自作の箱わなの手応えを感じている。

松崎さんは宮大工で、震災で被害に遭った農家の家を修理している際に、畑や田んぼがイノシシに荒らされて困っていると相談を受け、この状況をなんとかしなければならないと考えた。

松崎さんは「はじめは市販の箱わなを使ったが、イノシシの目に見えるため警戒して思うように捕獲できなかった。仕事柄、ものを作るのは得意なので、自分で考えて作ってみた」と話す。

松崎さんの作った仕掛けは、円形のおりをつり上げておき、イノシシが餌に食いついたらおりを落として捕獲する。おりは上にあるためイノシシには見えない。

わなの周囲にカメラを取り付け、少し離れた監視小屋のモニターでイノシシの動きを確認し、イノシシがおりの下に入ったタイミングで、小屋から遠隔操作でおりを落とす。

おりの準備をする松崎さん。餌は小ぬかを使用している

箱わな全体。カメラで監視している

「今のかたちになるまでにかなり苦労した。おりに入っても地面を掘って逃げられたり、おりを鼻で持ち上げて逃げられたりと、失敗もたくさんあった。そのたびに改良を重ねてきた」と話す。

イノシシの行動を把握する目的で、映像の録画もしている。群れの行動や頭数を把握するなど、観察・分析に役立てている。

「録画した映像を見ると、同じ群れがほぼ同じ時間帯に監視カメラに映っている。その時間帯に合わせて小屋に来ればよい。群れをすべて捕獲しないと残ったイノシシは警戒してしまう。イノシシに学習されないように気を付けている」と説明する。

わなにかかったイノシシは、電気とどめ刺し機を使って処理している。はじめは槍などで処理していたがうまくいかず、イノシシが暴れてしまい、かなりの力が必要だったため大変苦労したという。

「電気とどめ刺し機は、イノシシが簡単に処理できて、とても良いものだった。これからもこまめに情報を収集し、最新の設備や道具を導入して、農作物の被害軽減のため、効率的なイノシシの捕獲を目指していきたい」と松崎さんは意気込む。

（２０１７年３月１週号　福島版）

新たな視点(6)

骨や革使いスピーカー

岡山県鏡野町　田口大介さん

ジビエの端材を加工したスマートフォン用スピーカーを考案した岡山県鏡野町青年農業者クラブ「泉会」の田口大介さん(36)。青年農業者大会での発表後、野生鳥獣の斬新な利活用方法として、大きな関心を寄せられている。

ブドウを栽培する田口さんは、「繁忙期を過ぎた冬季の収入源になるのではないか」と見込み、２０１６年10月、牛の角を加工してスピーカーの製作に取りかかった。さらに、破棄されているジビエの骨や革に着目。シカの革なめし、イノシシの頭蓋骨の抽出に挑戦し、独創的なスピーカーを製作していった。

完成したスピーカーは音量がおよそ2倍に増幅され、丸みのある柔らかい音に仕上がった。また、一つ一つが素材に合わせた手作りのため、同じものが二つとない、個性を持った音になるという。製作したスピーカーを、acouder と命名。これからは、さらなる音質の向上を追求し、また、ホームページの開設など、販路を開拓していく予定だ。

（２０１７年2月3週号　中国版）

シカ革のスピーカーを持つ田口さん（右）と、イノシシ頭蓋骨のスピーカーを持つ製作担当の竹下さん。スピーカーはＳＮＳ（会員制交流サイト）で話題となった

新たな視点(7)

新たな価値生む革製品

「命を奪い棄ててしまう獣から新たな価値を生み出したかった」と、イノシシやシカの革を活用したバッグの販売を始めた香川県小豆島町中山の上杉新さん(29)。200人ほどが活動する「鳥獣被害対策実施隊員」の一人だ。

作製した絵本を手に上杉さん。害獣が革製品に生まれ変わるまでを紹介したものだ

イノシシ革（右）とシカ革のバッグ

香川県小豆島町　上杉　新さん

小豆島では、年間1800頭以上のイノシシやシカなどが捕獲され、ほとんどが埋却されている。東京でデザインの仕事に携わってきた上杉さんにとって、害獣としてごみ同然に埋められる命の扱いは衝撃的だったという。「今までの経験と知識を生かして、命を資源として活用し、地域活性化にも貢献できる方法を採りたかった」

狩猟者から埋却前に譲り受け、清潔に解体、原革を下処理する。その後は専門のなめし職人と革職人により、上杉さんデザインのバッグなどに生まれ変わる。

SNSやホームページで販売するほか、東京などで巡回販売も行う。「年を経るほど手になじむ革本来のしなやかさをぜひ堪能してほしい」。今後は、自宅の傍らにカフェ兼雑貨屋を併設し、販売していく。

（2017年4月3週号　四国版）

新たな視点（8）

サル追い払いに犬が活躍

石川県金沢市

サルによる農作物被害に悩んでいた石川県金沢市寺津町では、2015年から「モンキードッグ」が活躍していて、サルの追い払いに成果を挙げている。

県内初のモンキードッグ「ソラ」を飼育するのは、寺津町の小坂隆さん（70歳、水稲88アールなど）。毎日朝昼の2回、集落内約4キロをソラと一緒にパトロールする。訓練されたソラは小坂さんの号令やサルの声を聞き分け、見つけ次第サルを山まで追い立て、しばらくすると小坂さんの元に戻ってくる。

「労力をかけて栽培し、やっと収穫というときにサルに全部食べられ、がっかりしていた。高齢者がほとんどのこの集落では、生産意欲も失いかねん」と小坂さんは当時の危機感を振り返る。

金沢市鳥獣被害防止対策協議会では犬用のベストを作製している

自治体や国ではモンキードッグの導入に対し、購入費や訓練費を助成する制度を設けている。小坂さんは「モンキードッグが1匹で守れる範囲には限界がある。山あいの集落全てにモンキードッグを配置し、サルを里に近づかせないことが大切だ」と話す。

また、「今後は猟友会などと協力して捕獲や駆除を行い、個体数を減らすことも必要だ」と地域全体での取り組みの重要性を指摘する。

同市では17年、4匹目が育成されているほか、隣接する白山市も新たに導入するなど、県内でモンキードッグ活用が広がりを見せている。


（2017年6月1週号　北陸版）

「ソラとパトロールするようになってサルの群れを見なくなった」と話す小坂さん

新たな視点(9)

スマホ使いサルを捕獲

福井県美浜町

有害鳥獣の効率的な駆除を目指して、福井県美浜町では捕獲おりを遠隔監視・操作するシステム「まる三重ホカクン」(株式会社アイエスイー)を2015年3月に導入。設置した2集落のうち北田集落では、サルの捕獲数が設置前と比べて約4倍増となった。

同町ではこれまで野生鳥獣対策として、山際に恒久柵(高さ1・9メートル)を整備し、さらにサル対策として柵の上部に電気線を張る対応を取ってきた。しかし、木の枝を伝って恒久柵を越える個体が多く、集落への侵入を防ぎきれていなかった。

ICT(情報通信技術)を活用したこのシステムは、

ゲート入り口に付けたセンサーを指さす桃井さん。「サルの被害が減り、昨年は久しぶりに柿を食べることができた」と話す

ゲート入り口にセンサーを付け野生動物の侵入を検知するとメールを配信する。管理者はスマートフォンなどを用いて、おり付近に設置したカメラの映像をウェブサイトで見ながら、タイミングを計ってゲートを閉めるボタンを押す。

北田集落では、わな猟免許所持者2人がシステムの管理者となっている。その一人、桃井和幸さん（63歳、水稲160アール、野菜など）は捕獲の効果に期待する。

捕獲おりは、サルが視覚で餌の有無を確認するという習性を利用していることから「餌付けは有効」と話し、おりの中の餌を欠かさないためにも、集落内で餌の提供を呼び掛けている。

美浜町農林水産課は、「高齢化が進み銃猟免許所持者が減る中、新たな捕獲手法として期待している。サル対策は大変な労力が必要なため、集落全体で協力して取り組んでほしい」としている。

（2017年6月1週号　北陸版）

おり（10メートル×10メートル）と「まる三重ホカクン」

おりの状況はスマートフォンで確認できる

新たな視点⑽

ICT活用しシカ捕獲

福井県小浜市

シカ害の軽減を目指す福井県小浜市では、ドロップネット式の大型捕獲装置を2012年から市内2カ所に設置し、計102頭の捕獲実績を挙げている。

研修会でOBAMAビーストキャッチを紹介した

県猟友会小浜支部の会員が「少人数で、簡便かつ効率的にシカを捕獲できるように」と考案した装置を商品化した（「OBAMAビーストキャッチ」、販売元・小浜ヤンマー株式会社）。

縦横18メートル四方に張った捕獲網を、ワイヤで高さ3メートルまでつり上げ落下させるドロップネット方式で、側面4面のうち2面はネットを張らず、シカの進入口としている。一度に最大10頭の捕獲が可能で、移動式のため固定式より捕獲率が上がり、設置や維持管理も容易だ。

装置の考案者の一人である上見良一さん（75歳、水稲1・9ヘクタール）は、「移動式にするのに苦労した」と振り返る。開発当初は、装置をカメラで撮影しモニターで監視しながらネットの落下操作を行っていた。15年からはICT（情報通信技術）活用の遠隔監視システムを併用し、監視と操作が格段に楽になったという。ふくい農林水産支援センターが農家などを対象として開いた「鳥獣害対策集落リーダー育成研修会」（共催・NOSAI福井）では、OBAMAビーストキャッチを紹介した。

（2017年7月2週号　北陸版）

新たな視点⑪

漁網でイノシシ侵入防ぐ

神奈川県小田原市　矢郷史郎さん

神奈川県小田原市では、イノシシによる被害が一番多く、果樹の2014年度被害額は約2700万円に上る。低コストで効果の高い獣害対策が求められる中、小田原市の果樹農家・矢郷史郎さん（37）は漁業用定置網を再利用した圃場への侵入阻止方法で効果を確認。「イノシシ害はほぼゼロになった」と話す。

相模湾を望む農地3ヘクタールで、ミカンやキウイフルーツ、オリーブなどの栽培に取り組んでいる矢郷さん。イノシシの被害に毎年、悩まされていたという。「樹木に乗り掛かり、枝を折ってミカンを食べてしまう。1日で地上近くの果実を、ほとんど食べられたこともある」と振り返る。

漁港関係者から譲り受け、自宅に眠っていた定置網を何かに使えないかと考え、16年、野生獣の侵入を防止する柵の代わりに設置。圃場への侵入阻止効果を実感できたという。

支柱は2メートル間隔

設置方法は幅と長さが100メートルを超える定置網を必要な幅に切り、1.5メートルほどの柱の高さに、ひもでくくり付けるだけ。柱には直径2センチほどのキュウリ栽培で使う支柱を利用し、2メートル間隔に刺す。

ミカンが青い期間は獣害が発生しないので、果実が色

這うように設置された網を持つ矢郷さん

づく前の9月ごろに設置した。

設置のポイントは、圃場の外側にも網が1・5メートルから2メートルくらいに地面をはうようにして遊びをつくること。矢郷さんは「縦横2センチほどの網目が足に絡むのを嫌がって、イノシシが柵を跳び越えるのを諦めるようだ。掘り返すのも難しいし、押し倒そうとしても網に絡まるので避けるのではないか」と説明する。

雨風に強く扱いやすい

小田原市では農業者などが侵入防止柵を購入する場合、費用の一部を補助しているが、ワイヤメッシュに比べて軽い漁業用の網は、雨風にも強く扱いやすいという。「点検はひもでくくり直すだけなので、管理も簡単。問題はイノシシと比べると被害は少ないが、ハクビシンは網をかみ切るので防げないこと。今のところは箱わなと併設して対策している」と、矢郷さんは話している。

（2017年7月4週号　首都圏版）

第4章

ジビエ最前線

ブームで終わらせない

一般社団法人日本ジビエ振興協会　藤木徳彦理事長

「ジビエ」は、フランス語で狩猟で得た天然の野生鳥獣肉を意味し、フランス料理などの高級食材に利用されています。2012年に任意団体の日本ジビエ振興協議会を設立し、最近では首都圏を中心に年齢や性別を問わず、着実に認知度が上がり、居酒屋やハンバーガーショップなど大衆的な外食店でも扱われるようになりました。

都会と田舎で異なるイメージ

都会と田舎では、ジビエに対するイメージが大きく異なります。シカやイノシシが身近にいない都会では、ジビエはおしゃれな食材だと考えられている一方、田舎では「食べておいしいの?」とよく質問されます。昔食べたジビエの印象が残り、肉が硬くて臭みがあり、おいしくないと誤解されているためです。そこで正しく調理したジビエを食べてもらうと、これほどおいしいものかと驚かれます。

ジビエは季節によって肉質が異なり、自然の恵みを楽しめる点が魅力です。栄養価にも優れ、特にシカは低カロリーで脂質が少なく、高タンパク質で鉄分も豊富に含まれます。肉質に応じて適切に調理すれば、おいしく食べられます。ただ、生または加熱不十分のジビエを食べると、E型肝炎ウイルスや寄生虫などによる食中毒のリスクがあります。肉の中心部まで火が通るよう、しっかりと加熱調理してください。

フランスでは食文化として根付いていますが、日本ではほとんどのスーパーでジビエを販売していません。牛肉や豚肉、鶏肉と同様、国産のジビエを家庭料理として食べてもらえるよう、普及活動しています。２０１６年度、第1回ジビエ料理コンテストを開催しました。日本ジビエ振興協会のホームページには50のレシピを公開しています。17年度は第2回を開催予定です。

ジビエをブームで終わらせてはいけません。野生鳥獣による農作物被害が増えて営農意欲が低下する中、狩猟や捕獲した有害鳥獣を埋設処理するのではなく、食肉として利活用を進め、命ある生き物をおいしく食べる狙いがあるためです。安全で安定的なジビエの供給体制を実現するため、協会では「国産ジビエ流通規格」の試行試験を17年度に実施し、18年度から本格運用を目指します。

全国に食肉処理施設ができる中、現状は国の衛生管理に関するガイドライン順守を自己申告している状態です。それでは外食企業がジビエを扱いにくいとの意見があるため、協会ではガイドライン順守に加え、金属探知機やトレーサビリティーシステムを導入した施設に認証を付与します。特定部位だけが売れ残るなどの課題があるため、全国的な在庫管理システムも試験導入します。

地産地消を基本に地域産業として確立

もちろん、地域でのジビエ振興も重要です。たとえば「信州ジビエ」は地域ブランドとして確立しています。観光客に対し、旅館や飲食店で地産地消を基本にジビエとともに酒や米、野菜、果実などを利用した料理を提供すれば、地域らしさが出ます。ジビエで利益を生みだし、地域の産業として確立できれば、若者が都会に出て行かずに地元にとどまれます。農家には憎い野生鳥獣ですが、ジビエの利活用を進めて地域活性化につなげていきます。

（２０１７年5月4週号　全国版　インタビュー）

一般社団法人日本ジビエ振興協会
住所：〒391-0301　長野県茅野市北山5513-142
ホームページ：http://www.gibier.or.jp

利用倍増を19年度目標に

12モデル地区で安全・良質肉目指す

政府は2017年5月23日、「農林水産業・地域の活力創造本部」を立ち上げ、ジビエ利用のモデルとなる12地区を18年度に整備し、ジビエの利用量を19年度に倍増させる目標を掲げた。農林水産省が関係省庁と連携し、農泊・観光や学校給食、ペットフードなどさまざまな分野で、ジビエの利用拡大を加速させる方針だ（表4-1）。

モデル地区では野生鳥獣の捕獲から搬送、処理加工、流通・消費までを整備し、ビジネスとして持続できる安全で良質なジビエの提供を目指す。捕獲では、肉質のばらつきを少なくするため、狩猟者への研修を実施。捕獲頭数を確保しつつ食肉利用量を増やすため、交付金単価の見直しなどを検討する。搬送に伴う肉質の劣化を防ぐための「移動式解体処理車」の整備を盛り込んだ。

ジビエの安全性確保のため、日本ジビエ振興協会による処理加工施設の衛生管理に関する認証を新設する。保冷施設を整備し、在庫状況を〝見える化〟することで、実需者が求める通年安定供給を目指す。肉のカットルールや情報表示ルールを試行導入し、円滑な取引を実現する。流通業者や消費者が商品情報を確認できるよう捕獲日や捕獲者、捕獲場所、捕獲方法、解体処理日などを開示するシステム開発も進める。

全国ジビエレストランマップを公開するほか、学校給食部門のジビエ料理コンテストやジビエ調理の専門家を育成するジビエ料理セミナーを開くなど、幅広い需要の

【表 4-1】　ジビエ利用拡大に関する対応方針
―― モデルとなる地区を整備（全国で 12 地区程度）――

○ビジネスとして持続できる、安全で良質なジビエの提供を実現するため、捕獲から搬送・処理加工がしっかりとつながったモデル地区を 12 地区程度整備する。2017 年夏から着手し、18 年度に整備。19 年度から本格稼働。

◆先進的な地域7カ所程度を、まず、モデル地区として整備。

◆さらに、7カ所程度のほか、野生鳥獣を利用して農村地域の所得に変えていく、やる気のある地域において、5カ所程度モデル地区を拡大。

○モデル地区では、以下を実現。

①【捕獲・搬送】捕獲頭数の確保と、食肉利用量の増加や肉質の向上
〈人材の確保およびスキルアップ〉
搬送に伴う肉質劣化を防止
〈モデル地区ごとに、移動式解体処理車などを整備〉

②【処理加工】処理加工におけるジビエの安全性確保**〈衛生管理の認証を新設〉**
年間を通じたジビエの安定供給**〈在庫調整を可能とする保冷施設の整備〉**

③【流通・消費】部位の形状の統一化　**〈共通カットルールを導入〉**
流通業者や消費者への安心の提供　**〈商品情報の見える化〉**

資料：ジビエ利用拡大に関する対応方針（農林水産省）

開拓に努める。

（2017年5月4週号　全国版）

衛生管理に関する指針

厚生労働省では、捕獲した野生鳥獣を食肉処理する際の適切な衛生管理の考え方をまとめた「野生鳥獣肉の衛生管理に関する指針（ガイドライン）」を公開している。食中毒の発生防止のため、①狩猟、②運搬、③食肉処理、④加工・調理・販売、⑤消費――の各段階で整理し概要を紹介する。なお、事業として野生鳥獣を食肉加工する場合、食品衛生法の規制対象となる（表4-2）。

①狩猟

銃による狩猟はライフル弾かスラッグ弾を使用し、腹部に着弾させない。わなによる狩猟はできるだけ生体で食肉処理施設に運搬し、野生鳥獣の外見や挙動から異常がないか確認する。放血に使用するナイフなどは1頭ごとに洗浄・消毒するか、交換して使う。屋外での内臓摘出は迅速適正な衛生管理上、やむを得ない場合に限る。

②運搬

食肉処理業者に搬入予定時刻を伝え、速やかに食肉処理施設に搬入し、必要に応じて冷却する。1頭ずつシートで覆うなどして、運搬時に個体を相互に接触させない。運搬に使用する車両などの荷台は、使用の前後に洗浄する。

③食肉処理

「83度以上の温湯供給設備」「十分な高さがある懸吊《けんちょう》設備」の設置が望ましい。1頭ごとに内臓摘出や剥皮作業の終了時には、機械器具を洗浄する。解体前後は野生鳥獣に異常がないかを確認し、異常がある場合は廃棄する。微生物や寄生虫感染の恐れがある内臓は、異常がなくても廃棄が望ましい。個体に直接接触するナイフなどは1頭処理するごとに83度以上の温湯で洗浄・消毒する。枝肉やカット肉は速やかに10度以下となるよう冷却する。処理した食肉や設備、器具などの細菌検査を定期的に行うことが望ましい。

【表4-2】　食肉の販売の流れ（イメージ）

	野生鳥獣（ジビエ）（※）	牛・馬・豚・めん羊・ヤギ	鶏・アヒル・七面鳥
生産（狩猟）	狩猟者	畜産農家	養鶏農家
⇩ 解体	**食品衛生法** 解体・加工・販売に必要な営業許可を取得した施設	**と畜場法** と畜場におけると畜検査	**食鳥検査法** 食鳥処理場における食鳥検査
⇩ 加工販売		**食品衛生法** 加工・販売に必要な営業許可を取得した施設	**食品衛生法** 加工・販売に必要な営業許可を取得した施設
⇩ 消費	消費者・飲食店	消費者・飲食店	消費者・飲食店

※農林水産省および一部の自治体では取り扱いについてマニュアルを整備

④加工・調理・販売

食肉処理業の許可を受けた施設で処理された野生鳥獣の枝肉などを仕入れる。色や臭いなどの異常や異物の付着などがないか確認し、異常がある場合は廃棄して仕入れ先の食肉処理業者に連絡する。提供時には十分な加熱調理を行う（中心部の温度が75度で1分間以上）。生食用として提供しない。処理に使用する器具は処理終了ごとに洗浄し、83度以上の温湯で消毒を行い、衛生的に保管する。野生鳥獣肉は家畜肉と区別して10度以下で保存する。

⑤消費

中心部の温度が75度で1分間以上、またはこれと同等以上の効力がある方法で十分に加熱して喫食する。まな板や包丁など使用する器具を使い分け、処理終了ごとに洗浄、消毒し、衛生的に保管する。

ジビエ最前線（1）

捕獲獣の9割が施設利用

鹿児島県阿久根市
一般社団法人阿久根市有害鳥獣捕獲協会
（現・一般社団法人いかくら阿久根）

鹿児島県阿久根市鶴川内の一般社団法人阿久根市有害鳥獣捕獲協会は、捕獲した鳥獣をジビエとして有効活用しようと、食肉処理施設「いかくら阿久根」を運営。2015年度のイノシシとシカの捕獲頭数は1184頭と、施設利用前と比べ2倍以上に増加し、捕獲鳥獣の9割以上が搬入されている。法人が施工費を全額負担する一方、施設を利用すると、市が1頭当たり2万3000円を支援する仕組みを確立。わな猟が96％を占め、餌のサツマイモは法人が無償で提供する。成果主義の手法が捕獲隊員のやる気を高め、農作物被害の減少につながっている。

取材当日の朝も、「いかくら阿久根」には捕獲したイノシシやシカ、アナグマが次々と運び込まれていた。多い日は10頭を超えるという。解体処理は、捕獲隊員58人の中から専任の4人が担い、慣れた手つきで水洗いから剥皮、内臓摘出へと作業を進める。

阿久根市はボンタンの産地として知られるが、「シカがボンタンの葉を食べる被害が増えている。『だから阿久根のシカはおいしい』と言われるほどだ」と、有害鳥獣の捕獲隊長を務める理事の荒木光義さん（78）は憤る。低い位置にある葉をシカが食べ尽くし、樹が枯れるなどの被害が出ている。イノシシやアナグマの農作物被害も深刻という。

捕獲したシカやイノシシは、捕獲隊員がその場で止め刺しして血抜きし、自ら施設まで運ぶ。箱わな網が小さく、止め刺しが難しいアナグマは生きたまま持っていく。施設は地理的に市の中心にあり、ほとんどは止め刺し後30分程度で運べるという。

市からも助成金

捕獲後の鳥獣を山に埋設する作業は大変で、里に運んでも埋設場所は限られる。処理に苦慮する中、市内二つの有害鳥獣捕獲協会が運営法人を立ち上げ、食肉として処理する「いかくら阿久根」を13年6月に設立した。

有害鳥獣駆除に対し、捕獲現場の写真や尻尾、両耳を提出すれば、報償金としてイノシシとシカは1頭当たり1万4000円（市6000円、国8000円）が各捕獲協会に支払われ、捕獲隊員に分配される。さらに施設を利用すれば、解体処理の技術指導など捕獲隊員の後継者育成も見込んで、市が法人に2万3000円を支払う取り決めだ。山での埋設処理が不要となり、施設利用率は9割を超えている。

法人の代表を務める牧尾正恒さん（73）は「有害鳥獣駆除はボランティアでは続かない。汗を流した人は報償が受け取れる仕組みが大切。農作物の鳥獣被害をなくそうと、危機感を持った捕獲隊員と行政、市議会の連携がうまくいっている」と説明する。

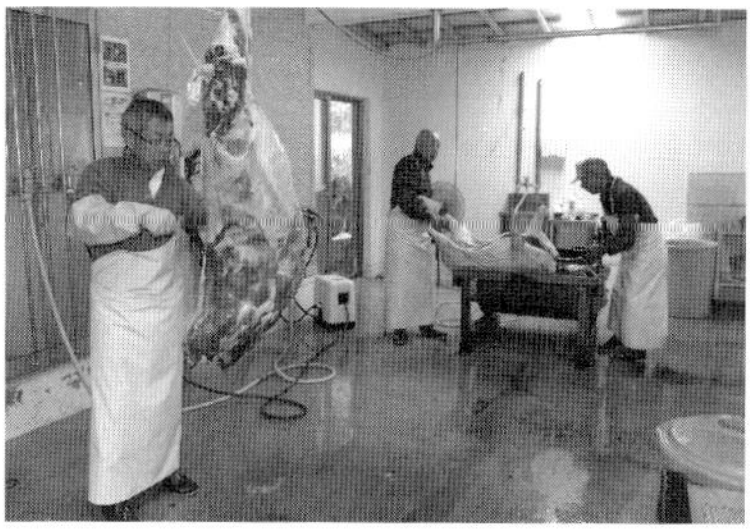

施設に持ち込まれた鳥獣は、専任者が解体処理する

かんきつの園地で箱わなを仕掛ける荒木さん

わな猟が急増

施設ができ、解体処理が進むようになると、捕獲隊員にも変化が出ている。もともとは集団で行う銃猟が中心だったが、最近では個人で行うわな猟が急増した。食品衛生責任者の資格を自発的に取得した捕獲隊員が20人に達するなど、食肉利用に対する意識が高まっている。箱わなに仕掛けるサツマイモは、法人が1年分の4トンを確保し、無償で提供。適切な止め刺し技術も熟練者が指導する。

市水産林務課では「捕獲隊員のやる気を高める仕組みだ。野生鳥獣による農作物被害も減少し、成果が出ている」と強調する。市の聞き取り調査では、野生鳥獣による農作物被害は13年度は926万円だったが、15年度は676万円に減少した。

高い処理技術

施設で食肉処理されたジビエは、有害鳥獣駆除は2分の1、狩猟は4分の1が法人の取り分となる決まりだ。脱骨してモモやバラ、ロースなどの部位に分け、0度に管理されたチルド室で1～2日寝かせると、血抜きされて良質な肉になるという。技術評価は高く、16年4月に開かれたG7農業大臣会合で提供されたジビエ料理の食材としても利用された。

15年度は1363キロを販売し、280万円を売り上げた。販売価格は、ロースでイノシシとシカともにキロ3000円（税別）だ。

ただ、理事の宮原明さん(80)は「日本ではジビエ、特にシカ肉を食べる文化がない」と話す。普及活動にも積極的で、料理教室を開催するほか、市内の小・中学校11校の給食でシカ肉を利用したチンジャオロースーを振舞った。

現状では捕獲隊員の平均年齢が65歳、後継者育成が課題だ。牧尾さんは「定年退職者や鳥獣被害に困っている農家などを取り込み、わなの仕掛け方など技術を継承し、取り組みを継続したい」と話している。

（2016年12月1週号　全国版）

ジビエ最前線（2）

迅速な処理で高品質精肉

高知県大豊町　猪鹿工房おおとよ

高知県大豊町大久保の「猪鹿工房おおとよ」は、都内のフランスレストランなどにジビエを専門に販売している。捕獲したシカを生きたまま食肉処理場へ搬入し、止め刺しから冷蔵までの処理を1～2時間に短縮することで、臭みが少なく高品質な精肉を確保できる。シカの捕獲では近隣の猟師18人と連携し、年間160頭以上を販売する。販路が拡大する中、収益確保を目指して血液や内臓を使った加工品も開発している。

都内のレストランへ

「きちんとした製造工程を経たシカ肉はおいしい。本当の魅力が知られていない」と店主の北窪博章さん（68）。山間地に位置し、周辺は農作物への獣害が多く、シカなどの捕獲が取り組まれているが、殺傷後の埋め立ては労力が大きく場所も限られている。

工房では、生きたシカだけを30キロ未満は無償、それ以上は協力費3000円を支払い、引き取る。協力する地元猟師により、2015年はシカ169頭が捕獲されている。

食感が良いモモ肉（100グラム300円）はレストラン、適度に脂身がついたロース肉（100グラム

４００円）は個人消費者への販売が多い。うま味が濃いものの筋が多いすね肉などは、煮込み用やひき肉用などへの加工も行う。半身や骨付きなどの要望にも対応し、県内の土佐市までは配達にも応じている。

迅速な精肉処理など手順をホームページに掲載し、問い合わせにたいしても品質や安全性を伝える。雑誌などでの掲載や口コミから販路が広がり、販売先のレストランは、15年に4軒増加し県内外6軒となった。

東京都品川区に店を構える欧風レストランは、半身15キロを月3、4回、通年で購入している。花房徹也店長は工房を訪れて解体なども視察している。「解体処理や衛生管理などに、これほど信頼がおける工房は国内に数少ない。シカ肉に対するお客さまの固定観念も変えられている」と評価する。

地元猟師が協力

北窪さんは猟師から捕獲の連絡を受けると、すぐに軽トラックでわなを仕掛けた場所へ向かう。協力して、わなに掛かっていない後脚を縄で結び前脚に束ね、シカを落ち着かせるため、テープで目をふさぐ。体重30～40キロのシカであれば5分ほどで終わる。大型のシカがかかると、角に投げ縄をして後脚に束ねてから作業するなど危険を回避。安全確保のために1時間以上の作業となることもある。

「命を奪うからこそ、売り物になる肉に仕上げなきゃいけない。解体作業は緊張が絶えない」と北窪さん。シカの苦痛を軽減できるよう工夫しつつ、止め刺しは心臓の上にある動脈の位置で行い、1分ほどで血抜きを終える。内臓はガスを発し肉に臭いをつけてしまうため、内臓が肉につかないよう慎重に扱いながら手早く取り除く。

肉の熟成では、保存性も両立させるため、1～2度の冷蔵庫内で枝肉は2～3日間、ブロック分け後に約10日間保管する。枝肉はぬれた状態のまま布で包んで急激な乾燥を防ぐ。ブロックは真空パックに詰めて品質を保つ。

需要に合わせて販売するには冷凍設備も欠かせない。大型冷凍庫１０００リットルとストッカー７００リットルを備え、約2年保管できる。スライスの3時間前に冷蔵庫に移し、肉質を見ながら、用途ごとの調理しやすさ

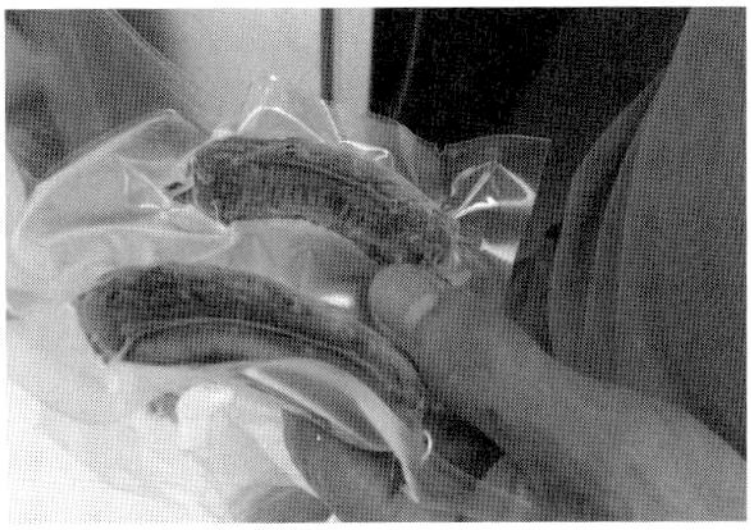

工房内での血抜きを生かし試作中の「ブーダンノワール」

「この2時間で売り物になるかどうかが決まる」と解体を行う北窪さん

と見栄えを考慮して切る。

北窪さんは工房の経営を始めて4年目。以前から、猟師にシカを譲ってもらい趣味で薫製づくりをしていたが、肉ごとに臭いに差があると気づいた。市販の体温計でシカの直腸温を測ると、臭みが強い肉は36度以下だった。猟師に確認すると、止め刺しから2時間を超えていることがわかり、捕獲後の処理が重要だと認識した。

販売量が増える中、収益確保のため、フランス料理の高級食材である血液を使ったソーセージ「ブーダンノワール」など加工品を試作中だ。「食べる機会が少ないだけに、東京などでもしっかり営業して、品質の高い製品を届け続けたい」と話す。

（2016年5月2週号　全国版）

ジビエ最前線(3)

鮮度で評価〝山くじら〟

島根県美郷町　おおち山くじら生産者組合

島根県美郷町の「おおち山くじら生産者組合」では、有害駆除した夏イノシシの有効活用を進め、「山くじら」と名付けたイノシシ肉のブランド化に成功した。農家や猟友会員など104人からなる駆除班を組織する。箱わなで捕獲したイノシシを小さなおりに移し、食肉処理施設まで生きたまま運ぶことで、鮮度の高い精肉を確保。皮は名刺入れなど革製品に、骨や内臓などの残さは家畜飼料に活用して無駄なく使い切る。山くじらと住民の接点を多くつくり、地域振興を主眼に置いた獣肉の利活用を進めている。

駆除班員からの連絡を受け、捕獲したイノシシの回収を進める嵇亮《じりょう》さん(30)と平川洋さん(29)。2人は生産者組合から、搬送から食肉処理までを任されている。慣れた手つきでイノシシを箱わなからおりに移し、食肉処理施設まで運ぶ。

美郷町では、農家に狩猟免許取得を呼び掛け、箱わなの設置と見回りを担ってもらう。イノシシやシカを捕獲した場合、その場で止め刺しと血抜きを行い、鮮度保持のため早急に食肉処理施設まで運び食肉処理する例が多い。ただ手間が掛かる上、一連の作業に躊躇《ちゅうちょ》する人が多いのも事実だ。イノシシを捕獲して連絡すれば、生産者組合が回収に出向く分業体制を確立。生きたまま保管でき、作業時間の調整がしやすい利点もある。

イノシシを逃がさないよう、小さなおりに誘導する

２０１６年度は狩猟期を除くイノシシの捕獲頭数は６６４頭、そのうち４００頭が施設で処理され、資源利用率は約60％に上る。駆除班員には有害鳥獣駆除の奨励金として１頭６０００円が町から支払われる。

組合長で駆除班長の品川光広さん(60)は「農作物被害を何とかしたいという農家の思いがあり、自分の農地は自分で守る意識が高まっている。止め刺しから食肉処理まで組合自ら行うため衛生管理が徹底でき、精肉を安心して販売できる」と利点を強調する。

農作物被害を引き起こす夏イノシシの捕獲が獣害対策では重要とされ、生産者組合で扱うのはほとんどが夏イノシシ。一方、一般的には狩猟期に捕獲した冬イノシシの方が、脂がのっておいしいとされる。生体搬送による精肉の品質の高さが、人気の理由。良食味の根拠となる夏イノシシ肉の成分分析も実施している。

卸業者と業務提携　缶詰製造で雇用創出

精肉の販売は、東京に本社があり、業務提携を結ぶ獣肉卸会社・クイージに全量を卸す。地元直売所ではロースを500グラム当たり4000円前後で販売するほか、大手カレーチェーンなどにも販売する。クイージでは町内に支店を置き、ポトフや煮込みなど缶詰製造も手掛け、雇用創出にもつながっている。

美郷町役場は「主役はイノシシではなく地域住民だ。獣害対策が農村女性の生きがいづくりになっている」としている。女性組織の「おおち山くじら倶楽部」が、イノシシ肉を利用した弁当や総菜の製造を手掛ける。なめした皮は、婦人会有志による「青空クラフト」が活用。デザインから裁断、縫製まで手作業で、世間話をしながら楽しく活動するのがモットーだ。

旧保育所を活用して缶詰を製造。雇用創出にもなる

名刺入れのほか財布やポーチなどを手作業で作る

家畜飼料原料に骨や内臓を活用

生産者組合では、17年から骨や内臓を家畜飼料原料に活用する。残さ処理の費用がかからないのが利点だ。同役場は「飼料利用でイノシシの資源循環が完成した意味は大きい。これは精肉の安全・安心にもつながる」としている。町は住民主体の取り組みを支援するが、補助金なしの独立採算で運営している。身の丈に合う6次産業化こそ、継続の秘訣という。

（2017年5月4週号　全国版）

ジビエ最前線（4）

加工技術向上へ研修会

熊本県　くまもとジビエ研究会

熊本県の調理師専門学校では、猟師が講師を務め、生徒の前で解体処理を実演する

処理加工施設や飲食店、捕獲従事者、実施隊、行政などで構成する「くまもとジビエ研究会」では、流通体制の整備と衛生管理技術の向上、消費拡大活動を柱に、ジビエ振興に取り組んでいる。

県内外で商談会を開催するほか、処理加工施設間での技術格差の是正や衛生管理の意識向上に向けた研修を実施する。調理師にとってジビエが身近な存在になるよう、県内唯一の調理師専門学校でジビエの解体や調理の授業を実施。2015年度から全国で初めて正式なカリキュラムに採用された。

（2017年5月4週号　全国版）

ジビエ最前線(5)

多彩な料理で魅力発信

京都府中丹地区域

シカナイさんがイベント会場で京都丹波ジビエをＰＲ

京都府中丹地域では２０１７年1～2月、地元飲食店など29店舗でイノシシやシカ料理を提供する「京都丹波ジビエフェア２０１７冬」を開催。住民や観光客に自然の豊かな丹波地域で育んだジビエの魅力を発信した。

フレンチやイタリアンのほか、和食や中華、居酒屋などへ幅広く提供。同時期に東京都内13店舗でもジビエフェアを開き、京都丹波ジビエの魅力を首都圏にも発信した。マスコットキャラクター「シカナイさん」とともに、イベント会場で消費者にＰＲ活動と試食・販売を実施した。

（２０１７年5月4週号　全国版）

ジビエ最前線(6)

シカを丸ごと有効利用

兵庫県丹波市　株式会社丹波姫もみじ

「増えすぎたシカを有効活用し、崩れた生態系を元に戻すことができれば農作物被害を防ぐことができる」と話すのは、兵庫県丹波市の株式会社丹波姫もみじ・柳川瀬正夫代表取締役(66)。駆除されたシカを利用し、新たな特産品作りに取り組んでいる。

食肉、ペットフード、土壌改良材などに

シカ肉は「臭い、硬い」というイメージがあり、家庭では調理しにくい面があるが、フランスの「ジビエ料理」など海外では高級食材として扱われている。そこで、同社は2006年に本格的なシカ肉加工会社として設立された。

「捕獲後、生きているうちに血抜きをし、熟成させることで柔らかくおいしい肉になる」と柳川瀬さんは説明する。

当初は、販路の拡大がなかなかできなかったが、京阪

柳川瀬さん

洗顔クロスや革製品

神にも目を向け、レシピや健康効果の紹介のほか、試食会などを開催し、情報発信に力を入れた。そのかいもあり、徐々にシカ肉を扱う飲食店が増えてきた。

さらに、ハムなどの加工製品を販売する同県三田市の株式会社三田屋総本家と提携し、加工品の開発が進み、新たな販路が開けた。同社の山﨑眞仁専務は「シカ肉の良さは、血抜きの早さで決まる。仕留めるまでに時間をかければ肉に血が回り鮮度が落ちていくが、適切な処理がされている」と話す。

熟成中のシカ肉

丹波姫もみじの設立時は、1頭につき3割程度しか食肉として利用できず、残りを廃棄していた。しかし、これまで利用できなかった部位や骨はペットフード、革は洗顔クロスなど、内臓は土壌改良材などに。現在、ほとんどの部位を利用することが可能となった。

14年から、加工は2団体とともに構成する「鹿加工組合丹波」で行い、丹波姫もみじは販売に特化している。課題は季節によって安定的なシカの供給が得られないことだという。

「利益を第一に考えるなら、もう諦めていたかもしれない。壁に突き当たり挫折しそうになったこともあったが、そのたびに支えてくれた人々の顔を思い出し、一歩一歩乗り越えてきた」と柳川瀬さん。地域の活性化につながるよう情報を発信していく考えだ。

（2015年4月3週号　近畿版）

ジビエ最前線(7)

シカを有害獣から資源へ

埼玉県西秩父地域　西秩父商工会

近年、埼玉県の西秩父地域（小鹿野町、秩父市吉田地区）では、野生動物の増加による森林や農作物への被害が広がっている。中でもシカによる被害は深刻だ。この状況を改善するため、西秩父商工会では「ちちぶのじかプロジェクト」を推進。地元猟友会が捕獲したシカを有効活用することで、地域経済の活性化と自然環境の保全を目指す。

飲食店・旅館で料理提供

豊かな自然に恵まれた西秩父地域では、中山間地域の環境を生かした農産物の生産や、観光農林業が盛んに行われている。しかし、近年は人口減少や高齢化などの影響で野生動物が増え、奥山の樹皮の食害から里山に下り農産物を食い荒らすまでに被害が拡大した。シカによる被害額は、年間1600万円と深刻化している。

「ちちぶのじかプロジェクト」はシカを有害獣として駆除するのではなく、地域の大切な資源と捉え、シカ肉料理やシカ革製品として研究・開発することで地域経済を活性化させ、将来的に秩父の自然を保全していこうというもの。西秩父商工会では、手軽にシカ肉を食べてもらおうと、「天然鹿の味噌漬」を考案した。株式会社「肉の宝屋」で製造・販売し、2015年秋から地域の飲食店や旅館で提供。取扱店で、それぞれの個性を生かした料理が味わえるという。

西秩父商工会の神林秀典さん（62）は「野生獣の肉は硬くて臭いといったイメージがあるが、しっかりと血抜き処理をしたシカ肉は本当においしい。高タンパク・低脂肪・低コレステロールで鉄分も豊富に含まれていて、とてもヘルシー。欧州では非常に人気が高く、最上の肉として扱われているようだ」と話す。衛生面に細心の注意を払い、全頭放射能検査も行っているという。

販売店の一つ、小鹿野町の「元六小鹿野店」では元鹿丼という商品名で提供している。店長の久津田順一さん（43）は「うちではみそ漬けの肉を焼いたものと、揚げてカツにしたものと2通りの味が楽しめる。柔らかくて臭みもないと評判はいい。遠方からわざわざ食べに来てくれるお客さんもいる」と話す。

ストラップ付き名札入れとファーストシューズについて説明する西秩父商工会の神林さん

元六の元鹿丼

革製品・軽くて肌触り良く

シカ革製品もストラップ付き名札入れやペットボトルフォルダー、バッグ、ファーストシューズなど商品開発が進んでいる。軽い・柔らかい・水に強い・通気性が良い・劣化しにくいという利点を持ち「人肌に最も近い革」ともいわれ、肌触りが良いことから多くの人に愛されているという。

神林さんは「栄養価の高いシカ肉を一度ぜひ食べて、おいしさを知ってほしい。ぜひ給食で使ってもらい、子どもたちにも食べてもらいたい」と話している。

（2016年6月3週号　埼玉版）

ジビエ最前線⑻

処理工程公開し安全PR

鳥取県若桜町　わかさ29工房

鳥取県若桜町の獣肉解体処理施設「わかさ29《にく》工房」では、八頭町と若桜町で捕獲されたシカの解体処理を行っている。2016年4月から17年の1月までの処理数は約1200頭にも上る。処理されたシカ肉は、施設を運営する「猪鹿庵」が販売し、県内外のレストランなどに出荷されている。県と町、猪鹿庵とが連携し、シカ肉の有効利用に努めている。

若桜町では、農業被害をもたらすイノシシやシカなどが、年間千頭以上も捕獲されていた。その獣肉を有効利用しようと町が獣肉解体処理施設「わかさ29工房」を設立。16年から町の委託を受け、河戸建樹さん(43)が責任者として運営している。

1日の処理数は最大で10頭程度

搬入されるシカの捕獲時間をはじめ、捕獲方法、捕獲者などの情報を管理している。1日の処理数は最高で10頭程度。県のガイドラインに沿って処理するが、食用として不適格な場合は、ペットフードとして加工される。また、通常より処理時間がかかった場合も同じ道をたどるという。

施設の視察も受け入れている。取引先のレストランや新聞社、雑誌社から毎月多くの人が訪れる。約1時間半、施設内部を案内するほか、解体から食肉になる一連の工程も見せているという。安全性を確認してもらうことで、責

「鮮度を保つため、いかに処理を早くするかを常に考えています」と河戸建樹さん

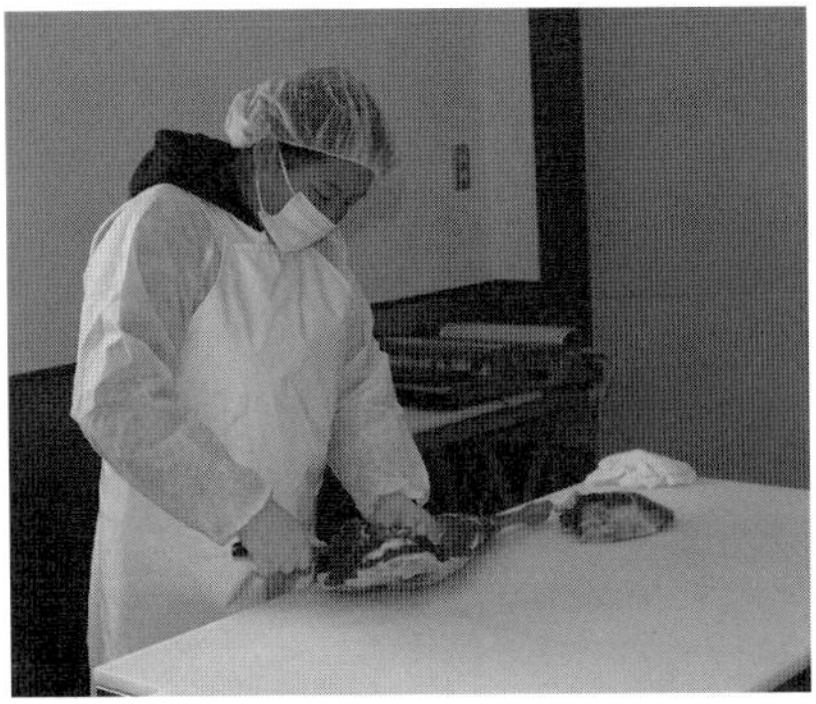
シカ肉の解体はスピードと衛生管理に重点を置く

取引先との信頼関係を築いている。

解体処理された肉の販売は「猪鹿庵」が担う。建樹さんの父・河戸健さん(73)が代表者を務める。県内のスーパーと同町の道の駅「桜ん坊」などに卸しているほか、県内での販売も行う。また、関東圏や関西圏のレストラン約100店には、加工したロースやモモ肉を販売している。

加工品の新商品として、17年1月からレトルト食品「すき焼き丼」を販売。また、県内のスーパーで販売したメンチカツも、好評だったという。

衛生管理や肉の品質、用途の見極めなどを最も重視している建樹さん。「鮮度を保つため、いかに処理を早くするかを常に考えている」と話す。また、「町や県からの協力もあり、県外でも指折りの有名なジビエにするべく、29工房と猪鹿庵をもっと大きくしていきたい」と意気込みを見せる。

（2017年3月1週号　鳥取版）

第5章

農業共済制度と鳥獣害

鳥獣害による損失も補償

農業共済制度では、台風などの自然災害だけでなく、鳥獣害による水稲などの減収や園芸施設の破損、果樹の枝折れなど、幅広く損失を補償する。同時に全国のNOSAI団体では、被害発生を未然に防ぐリスクマネジメント（RM）支援も重要な活動として位置づける。箱わなの貸し出しや侵入防止柵の設置費用の助成、職員が狩猟免許を取得して箱わなを管理するなどの取り組みだ。地域の要望に応じた支援を通じ、農家の生産意欲維持と損害防止への意識向上につなげている。

地域ごとに損害防止活動を実践

農業共済制度では、野生鳥獣による被害を幅広く補償している。水稲共済や畑作物共済、果樹共済など収穫共済のほか、園芸施設共済や農機具共済でも補償の対象だ。さらに樹体の損傷は樹体共済で、カラスが飼育中の牛をつついてけがをさせた場合などは家畜共済で補償される。

水稲等を対象とする農作物共済では、２０１５年度の支払共済金総額の9・6％、11億円強が鳥獣による被害であり、支払対象戸数の25％に相当する約1万8千戸に共済金を支払っている。

一方で、ＮＯＳＡＩ団体では、ＲＭ支援事業に力を入れる。農家の経営安定だけでなく、共済掛金の軽減につなげるためだ。行政やJAなど、関係団体と協議会に参画するほか、地域の営農や被害状況等に応じて、侵入防止柵の設置費用助成や箱わなの無償貸し出しなど取り組み内容は組合等ごとに多岐にわたる。

被害の未然防止へ対策を支援

鳥獣害対策は、野生鳥獣の行動特性を理解した上で、①近づかせない、②侵入させない、③捕獲する――に総合的に取り組むことが基本とされる。ただ、誤解や思い込みがあり、効果が上がらない対策を実施しているケースも多い。

NOSAI福井（福井県農業共済組合）では、集落ぐるみで正しい獣害対策を進めてもらおうと、集落に専門家を派遣した研修会を15年度から開催。16年度は4会場で14集落が参加し、講義と現地指導を実施した。研修に参加した14集落では15年度比で水稲の被害申告数が約4割減、共済金が約8割減少した。

同県では、獣害による水稲の共済金が84・4％（16年度）に上る。大久保雅市部長は「正しい知識を学んで獣害対策に取り組めば、被害は防げることを伝えたい。周辺地域への波及効果も期待している」と強調する。市や町の事業を活用して新たに柵などを設置する集落に対し、購入費用の一部助成も実施している。

職員に県の鳥獣被害対策アドバイザー資格の取得を推進し、鳥獣被害軽減を目指すのはNOSAI広島（広島県農業共済組合）だ。

17年4月現在で25人が取得し、習得した知識を基に農家へ直接助言するだけでなく、損害評価員を集めた会議でアドバイザーが適切な鳥獣害対策を伝える。損害評価の際に、対策の不備などがあれば農家へ適切な指導も可能になると取り組む。

広島県でもイノシシやシカなどによる食害や踏み倒しが発生し、獣害による水稲の共済金の割合が近年は6～7割に達する。そのため、箱わななど資材購入費用の一部助成や侵入防止用のり網をあっせんする。農産課の湯浅豪課長は「獣害が深刻な山間部で耕作放棄地が増えている。被害を食い止めて無事に収穫できるようにして、営農意欲を高めたい」と話す。

被害に備え農業共済への加入を

農業共済制度は、被害に遭ったとき、十分な共済金が受け取れるよう、高い補償割合、共済金額での加入が重要だ。

17年6月に成立した農業保険法では、農業共済制度の見直しが行われ、19年産から新たな制度に切り替えとなる。農作物共済については、鳥獣害による減収が補償対象であることは変わらないが、当然加入制から任意加入制に移行するほか、引受方式が見直され、圃場ごとに減収量を評価する「一筆方式」が廃止されることとなった。農業者単位の減収量評価となり、鳥獣害に遭っても共済金支払いの対象とならない事例も想定された。しかし、改正制度に新設される「一筆半損特例」を加入時に選択すれば、収穫量が50％以上減収となった圃場については、50％の減収と評価して共済金が支払われる。農林水産省の試算では、水稲共済の一筆方式で共済金支払い対象となった鳥獣による被害の9割近くをカバーする。圃場が収穫皆無となった場合は、すべての加入者に「一筆全損特例」が適用される。

また、改正制度への切り替えに伴い、農林水産省は、実施する補助事業や融資の採択に当たって、自然災害に対するリスクへの備えとして農業共済制度または収入保険制度への加入を促す働きかけを行うこととしている。鳥獣被害防止総合対策交付金についても、実施主体は当該地域における農業保険への加入を促すこととしている。

NOSAIの現場（1）

研修会開き資材費を助成

福井県　NOSAI福井

NOSAI福井（福井県農業共済組合）では、野生獣による農作物被害を減らすため、対象となる害獣の行動習性や電気柵の正しい設置方法などを学ぶ研修会を開催している。集落に専門家を派遣して講義と現地指導を実施し、改善策などをアドバイスする。市や町の事業を活用して新たに柵などを設置する集落には、購入費用の一部をNOSAIが助成して活動を後押しする。2015年度は7会場で開催し、19集落の175人が参加した。実施した集落では、獣害における水稲の支払共済金が前年度比約8割減となり、高い成果を挙げている。

「獣害対策がうまくいかない理由は、イノシシの行動を理解せず柵を設置することのみが目的になっているからだ」。獣害対策の先進地で、農林水産省生産局長賞の受賞歴がある「河和田東部美しい山里の会」（福井県鯖江市）の服部義和事務局長は強調する。農作物野生鳥獣被害対策アドバイザーも務める。

16年度最初の研修会が6月17日、イノシシ被害に悩むあわら市東山集落で開かれ、地元住民19人のほか、行政やJA担当者、近隣集落の農家など計31人が参加した。東山集落では、5年前に全長5キロの侵入防止用恒久柵を設置したものの、山際の水田を中心に被害が止まらない。

服部さんは、電気柵を敷設する際は電気線を地面から

20センチの高さに張ることが基本だと説明する。人間でいえば腰の高さに当たり、イノシシがスムーズに進む障害物となるためだ。電気線をまたげないよう、その20センチ上方にも1本張る。電気線に触れると痛いものだと

恒久柵付近でイノシシの通り道を説明する服部さん（左）

イノシシに学習させれば、電気柵に近寄らなくなる。そのためには、常に通電させることや漏電がないかテスターで頻繁に確認すること、傾斜がある場所は支柱の間隔を狭め、20センチの高さを保つことなどがポイントという。

恒久柵の設置場所ではイノシシの通り道を確認。山中に電気柵を張り、柵に沿って散歩道を整備すれば、日が当たらず雑草が生えにくい上、イノシシは人間の痕跡を避けるため近寄りにくくなり、里は危険な場所だと学習させれば、さらに山奥に追いやれるとアドバイスした。

参加した東山区長の城戸恒彌さん（62）は「勘違いをしていた部分があった。恒久柵の山側の管理を、区で人選して早いうちに実行に移したい」と力を込める。

共済連絡員（ＮＯＳＡＩ部長）を務め、水稲18ヘクタールなどを栽培する農事組合法人剱岳ファーム組合長の山口志代治さん（67）は「獣害があると営農意欲がなくなる。条件不利な中山間地の問題に、ＮＯＳＡＩが目を向けてくれた。ありがたい研修会だ」と話す。

12年間の助成額／1億4000万円超

現地研修会は15年度から始めた。鳥獣被害が大きい集落で実施し、16年度は６月時点で４会場で開催。農作物野生鳥獣被害対策アドバイザーや県職員、猟友会員を講師で招き、必ず柵を前に設置や管理などの課題を説明してもらう。

さらに市や町の事業を活用し、集落単位で新たに鳥獣害対策の防護資材などを購入すると、集落負担額の８％を上限にＮＯＳＡＩで助成する。15年度は１６１集落、３４６万円を支援した（04～15年実績で総額１億４２５０万円）。ＮＯＳＡＩ福井が鳥獣害対策を強化する背景には、県内の獣害における水稲の支払共済金が増加傾向にあるため。15年度は総支払共済金の75％を占める。一方、15年度は水稲の支払共済金が県全体で前年度比79％であるのに対し、研修実施地区では18・１％となり、大幅に被害が減っている。

大久保雅市部長は「柵の設置や管理は集落の合意が欠かせない。研修会には、代表者だけが参加するのでなく、多くの住民が参加してやる気になってもらいたい。１集落ずつ地道に成果を挙げ、周辺地域に波及していけば」と話す。

（２０１６年６月４週号　全国版）

【表5－1】 福井県の水稲共済における獣害の支払共済金と比率

年度	獣害支払共済金（円）	支払共済金の獣害比率
2011	22,056,382	53.6%
2012	28,440,114	89.3%
2013	51,705,549	52.7%
2014	59,270,321	74.3%
2015	46,715,839	75.3%

NOSAIの現場（2）

箱わな40基を無償設置

奈良県　宇陀NOSAI

奈良県の宇陀NOSAI（宇陀農業共済組合）は、箱わな40基を無償で設置し、多発する有害獣の被害減少に貢献する。2014年度はイノシシ53頭、シカ47頭を捕獲した。NOSAI職員がわな猟免許を取得し、業務の傍ら管理や野生獣の処理を行う。

宇陀NOSAIでは、担当職員3人がわな猟免許を取得。業務の合間に確認するほか、設置場所の住民などから連絡を受けて確認に向かう。箱わなの設置者として、餌入れや捕獲した野生獣の処理などを行う。おびき寄せる餌として、定期的に米ぬかをまいて補充する。

「まさか、自分たちも免許を取って野生獣の捕獲をすることになるとは。地元の猟師の方々からもアドバイスをいただきながら、捕獲方法などを工夫している」と見山智紀係長。獣の取り出し時に扉が落ちないよう、鉄製の固定具も製作した。

わな猟免許取得の損害評価員と連携

担当職員で管理や処理に対応しきれないわな10基は、わな猟免許を持つ損害評価員2、3人に管理を依頼している。そのほか、設置場所の所有者とは契約書を交わし、捕獲を発見した際の連絡などに協力してもらう。

宇陀市菟田野の植森睦也さん（63）は、わな猟免許と銃猟免許を持つ損害評価員だ。「とにかく捕まえない限りは絶対増え続ける。少しでも数を減らさなくちゃいけない」と話す。わなには一度に複数頭のイノシシがかかることもあるという。

植森さんは、自然林の際など野生獣が通りそうな場所を探して設置。比較的見晴らしの良い場所を選んで、2日に1回、近くの車道からわなが閉まっていないか確認するようにしている。近隣の農家が発見した場合は、電話を受けて処理などを行う。

管内では、耕作放棄地の拡大なども背景に、周辺ではシカによる田植え直後の稲の食害や、イノシシによる作物の倒伏などが頻繁だ。14年度は、水稲17・4ヘクタールでの獣害に対し共済金を支払った。

市村で農地に防護柵を張りめぐらせ、対策を行っているものの、防ぎきれない圃場も少なくない。シカなどが、柵の間の車道などを通って侵入することもあるという。趣味などで狩猟を行う地元猟師もいるものの、捕獲は獣肉の販売価格が高い冬が主だ。通年の対策は行政のほか農家やNOSAIなどが担っている。

宇陀NOSAIは10年に、箱わな20基を導入して設置し、対策を開始した。イノシシやシカの狩猟は、11月15日から3月15日まで許可されている。さらに、自治体の首長から有害鳥獣駆除の捕獲許可を受けて、4月1日から10月30日も設置が可能だ。

池内茂範参事は「山間地にある管内では、獣害は深刻な問題だ。イノシシ・シカを合わせて毎年平均100頭ほどは捕獲できている。なんとしても将来の頭数を減らして、被害を減らしていきたい」と話している。

（2015年8月4週号　全国版）

わなの仕掛けを設置する植森さん（右）とNOSAI職員

市・村長の許可を受けて、猟期の前後2週間以外は設置が可能だ

発刊のことば

わが国の農業は、風水害や冷害、地震等の自然災害の影響を受けやすく、農業経営のリスクとなっています。1947（昭和22）年の発足から70周年を迎える農業共済制度は、国の基幹的な災害対策として、災害による損失の補てんと損害の未然防止に、その役割を果たしてきました。

このような農業に大きな被害を与える災害は、気象上の要因によるものが多いことはもちろんですが、近年は野生鳥獣による農作物被害も経営に与える影響が深刻なものとなっています。水稲等を対象とする農作物共済では、2015（平成27）年度の支払共済金総額の9・6％、11億円強が鳥獣による被害であり、支払対象戸数の25％に相当する約1万8000戸に共済金を支払っています。このため、多くの組合等では、箱わなの貸し出しや資材の購入費用助成、職員による狩猟免許やアドバイザー等の資格取得を通じた対策支援に取り組んでいます。

農業共済新聞では、創刊以来、「農家に学び、農家に返す」を編集の基本方針として、生産現場の視点から営農や暮らしに役立つ情報の提供に努めてきました。野生鳥獣による被害対策についても、地域や農家の実践事例を取材し、随時掲載してきております。本書は、制度70周年を機に、これまで紙面で紹介した中から約40の実践事例を収録するとともに、鳥獣害の現状や対策の基本事項、政府による支援策等の概要も取りまとめ、農家をはじめ獣害対策に取り組む皆様の参考にしていただこうと企画したものです。

本書の発刊にあたっては、農研機構・西日本農業研究センター鳥獣害対策技術グループの江口祐輔グループ長に監修いただき、同グループの皆様にお力添えいただきました。厚く御礼申し上げます。また、取材に御対応いただいた農家や関係者の方々、並びに取材や記事の編集で御協力いただいた、ＮＯＳＡＩの連合会と特定組合、組合等の担当者の皆様方に、改めて感謝申し上げます。

さて、本年６月に農業災害補償法が改正されました。農業共済制度の大幅な改正が図られるとともに、品目を限定せずに農業経営全体の収入減少を補てんする収入保険制度が導入されることとなり、法律名も農業保険法に改称されました。２０１９（平成31）年産からの実施となります。ＮＯＳＡＩは、この二つの制度を担う組織として、生産現場に足を運ぶフィールド活動を一層強化し、これまでの災害による損失の補てんをさらに一歩進めて、農業者の経営改善や経営発展に貢献していけるよう万全を尽くし、「備えあれば憂いなし」の農業生産体制構築を目指してまいります。

公益社団法人　全国農業共済協会
会長　髙橋　博

編者　農業共済新聞

監修者　江口祐輔（えぐち・ゆうすけ）

1969年神奈川県生まれ。麻布大学大学院獣医学研究科動物応用科学専攻博士後期課程修了。農林水産省中国農業試験場勤務、麻布大学講師、近畿中国四国農業研究センター主任研究員などを経て、西日本農業研究センター鳥獣害対策技術グループ長。著書に、『本当に正しい鳥獣害対策Q＆A』（誠文堂新光社）、『イノシシから田畑を守る　おもしろ生態とかしこい防ぎ方』（農文協）など

本書は、農業共済制度70周年記念図書として、これまでに農業共済新聞に掲載された獣害対策に関する記事をまとめ、再編集したものです。

スタッフ
デザイン・ＤＴＰ／ニシ工芸
写真／農業共済新聞、PIXTA
校正／高橋和敬（青玄社）

実践事例でわかる獣害対策の新提案
地域の力で農作物を守る

2017年11月1日　第1版発行

編　者　農業共済新聞
監　修　江口祐輔
発行者　髙杉　昇
発行所　一般社団法人 家の光協会
〒162-8448　東京都新宿区市谷船河原町11
電　話　03-3266-9029（販売）
03-3266-9028（編集）
振　替　00150-1-4724
印　刷　精文堂印刷
製　本　家の光製本梱包株式会社

乱丁・落丁本はお取り替えいたします。定価はカバーに表示してあります。

ISBN978-4-259-51865-3 C0061